文怡"心"厨房

从零开始

学面包

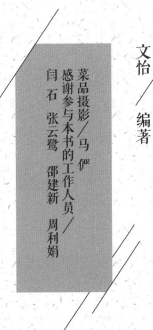

文怡 / 编著

菜品摄影 / 马俨
感谢参与本书的工作人员 /
闫石 张云鹭 邵建新 周利娟

U0241569

中国纺织出版社

国家一级出版社
全国百佳图书出版单位

图书在版编目（CIP）数据

从零开始学面包／文怡编著．--北京：中国纺织
出版社，2018.5
　　（文怡"心"厨房）
　　ISBN 978-7-5180-4227-2

　　I．①从… II．①文… III．①面包－制作　IV．
①TS213.2

中国版本图书馆CIP数据核字（2017）第265686号

责任编辑：卢志林　　　　责任印制：王艳丽
装帧设计：任珊珊　　　　排版制作：水长流文化

中国纺织出版社出版发行
地址：北京市朝阳区百子湾东里A407号楼　邮政编码：100124
销售电话：010－67004422　传真：010－87155801
http: // www.c-textilep. com
E-mail: faxing@c-textilep. com
中国纺织出版社天猫旗舰店
官方微博 http: // weibo.com/2119887771
北京华联印刷有限公司印刷　各地新华书店经销
2018年5月第1版第1次印刷
开本：787×1092　1/16　印张：10
字数：140千字　定价：55.00元

凡购本书，如有缺页、倒页、脱页，由本社图书营销中心调换

前 言

PREFACE

    刚开始玩烘焙那时，哎呦，这话一说就是10多年前了，那时最喜欢鼓捣的是蛋糕、饼干、慕斯什么的，因为造型、颜色可以多种多样，来个下午茶，或组个闺蜜聚会啥的，似乎更容易"出彩"一些。

    现如今好像更喜欢面包一些，有空的时候，手揉个麦香十足的欧包给家人当早餐，没空的时候，哪怕用面包机，也得"定时预约"个白吐司备着，似乎在家总能随手找到可进嘴的"余粮"，心里才踏实。

    孩子大点儿后，经常出去上课或玩耍，小书包里塞俩小面包，软软乎乎的那种，能充一时之饥，还不容易掉渣儿弄的到处都是，省得让我这个洁癖妈妈闹心。自己在减肥健身的日子里，更离不开用料精良、真正的、健康的全麦面包。

    我们总开玩笑说，喜欢玩儿面包的人，是一群耐得住寂寞，扛得起挫败，能在平凡的日子里享受朴素的幸福的人。

    玩儿也是一件很有意思的事儿，就好像是一种宿命似的，很多把烤箱当玩具的女人们，都会有一段相似的烘焙经历，从最初喜欢做品种繁多、装饰精美的甜品，最终早晚会爱上看起来朴素无华的面包。

    也许是时间的原因吧，随着年龄的增长，都会经历一段段从无到有，再化繁为简的过程。年轻时，似乎干什么事儿都特期待能速成，而现在越来越愿意旁观、欣赏、等待一个平凡的小面团儿慢慢发酵、变化，成长的"一生"了。

    也许是口味的问题吧，从喜欢甜蜜浓郁到更愿意咀嚼单纯的麦香，那种本真，不过度奢华的味道，却能温暖我们平平淡淡的每一天。

    拍一本面包书，是我和雯强老师一直以来的愿望，我们想把这些年做面包的一点点经验和心得，分享给那些想自己在家做健康面包的初学者们、妈妈们、主妇们……

    于是，我们选了那些大家最爱吃的、去面包店最常买的、市面上最流行的，反复试验出适合家庭操作的配方，再通过家人、朋友和工作室"小白鼠"的一轮轮试吃之后，才最后定稿在这本书里。

    也许捧着书的你，是一个正在恋爱的小姑娘，想用面包为你的爱情增加点儿香喷喷的味道。

    也许捧着书的你，是一个想为孩子的一日三餐锦上添花的超人妈妈，正为孩子能吃上更健康的面包而苦练揉面大法。

    也许捧着书的你，是一个热爱生活，热爱烘焙，热爱那种亲手捧出幸福感的小女人。

    嗨，其实不管你是谁，哪怕你是一个胡子拉碴的大男人，只要你爱生活，爱家人，爱在厨房里折腾，那么，就让我陪你一起开始吧。

    这10多年的"入厨"经历告诉我，用食物来表达爱，最简单，最直接，也最温暖！

文怡

目 录　Contents

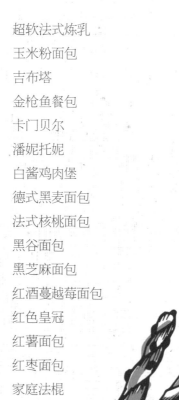

PART 1

基础知识

工具

★手动打蛋器

手动打蛋器通常为不锈钢材质，其头部的钢丝越多，搅打的效果就越好越快。它用途广泛，适合搅拌面糊、蛋黄等不需要大力搅打的食材。在面包制作中，多用用制作馅料、酱汁和酵头的搅拌。

★一次性裱花袋

一次性裱花袋在面包制作中多用来盛装馅料和装饰酱。

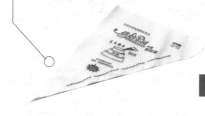

★圆形发酵篮、长方发酵篮

发酵篮一般用藤条编织而成，是面团最后发酵的塑形容器。

★牛刀

牛刀也称作西餐刀，钢制，刀身较长。在面包制作中，用来切蔬菜、坚果、果肉、面团等。

★毛刷

毛刷多以羊毛绒为刷头，木制手柄，在面包制作中主要用于面包表面刷蛋液、牛奶、黄油等。

★网筛

网筛在面包制作中多用来筛面粉、糖粉。

★电子秤

电子秤用于准确称量各种材料的重量，一般精确到克，也有精确到0.1克的，可以根据自己的需要选择。

★吐司模具

吐司模具一般为金属材质，用来制作吐司面包。分不同的大小和形状。

★ 耐烤油布

耐烤油布主要用于面包最后烘烤时垫到面包下面防粘。

★ 刮刀

刮刀是面包制作中最经常使用的工具之一，如分割面团、产品造型、清理案台等。一般有不锈钢和塑料两种，不锈钢的相对更好用一点儿。

★ 擀面杖

擀面杖多为木质材料，也有塑料、金属等材质。小擀面杖一般用来卷擀小块面团；大擀面杖主要用来卷擀大块面皮和包油。在购买时根据不同需求选择。

★ 剪刀

剪刀是面包制作中不可缺少的工具，用于剪开包装、修剪油纸、剪开面团等。

★ 割口刀片

割口刀片很锋利，在面包制作中，多用于面包最后的划刀口，让面包美观漂亮。

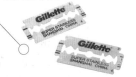

★ 橡皮刮刀

橡皮刮刀柔软，可以轻松刮干净打蛋盆里的蛋糕糊或奶油、酱汁等液体材料，手柄较为结实。有大小号可供选择。

★ 喷水壶

在面包制作过程中，喷水壶多用于给面团保湿。

★ 圆形模具

圆形模具多是金属材质，可做蛋糕或面包的模具。

★ 锡纸

在面包制作中，锡纸可以做成简易的模具，也可以覆盖在面包上防止面包被烤糊。

★ 锯齿刀

锯齿刀主要用来切割蛋糕和面包。

★ 纸质模具

在面包制作中，纸质模具多用于含水量较大、面团很软的面包，作为最后发酵的模具。

★ 馅匙

在面包制作中，馅匙主要用来包馅，有钢质、竹质、木质、塑料质等。

原 料

★大枣

大枣在面包制作中多用作馅料，让面包有大枣的浓香。

★黄豆粉

黄豆粉是用黄豆磨成的粉，浅黄色，有淡淡的豆腥味。在面包制作中，多与高筋面粉混合使用，制作特殊的面包。

★干酵母粉

干酵母粉是面包制作中的重要材料之一，与水混合后活性快速增强，使面团膨胀。不用时必须与水隔绝，密封冷藏保存。

★干罗勒叶

罗勒又叫九层塔，在制作香草面包时常用到，有特殊的香味，常温下密封保存。

★马苏里拉芝士碎

马苏里拉芝士碎在面包制作中多用作馅料和表面装饰。密封冷冻保存。

★无盐黄油

无盐黄油是面包制作的重要材料之一，密封冷藏保存。

★奶粉

奶粉在面包制作中多以干粉材料出现，增加面包的奶香味。常温密封保存。

★玉米粉

玉米粉是玉米成熟后精加工制成的产品，在面包制作中多用来制作玉米面包。密封保存即可。

★白芝麻

白芝麻多用于面包表面的装饰，不用时密封，放阴凉干燥处保存。

★肉松

肉松在面包制作中多用来做馅料。密封冷藏保存。

★全麦粉

全麦粉是小麦面粉的一种，较精制面粉要粗糙很多。在加工中把小麦中的胚芽、麸皮等粗纤维的部分全部保留下来，是制作全麦面包的主要原料。密封常温保存。

★低筋面粉

蛋白质含量在9%以下的小麦粉都可以称为低筋面粉，一般用来做饼干和蛋糕。在面包制作中，多配合高筋面粉使用。密封避光保存。

★豆浆

豆浆可以当作液体材料出现在面包制作中，尽量使用鲜榨豆浆。

★杏仁片

杏仁片是大杏仁切成的薄片，色泽较白，有坚果香，多用于面包的表面装饰，让面包的香味有层次感。建议在保质期内冷冻保存。

★青稞粉

青稞粉是青稞细磨后的面粉，粉状，灰色，吸水性弱，可以制作青稞面包。常温密封保存。

★乳酪丁

乳酪丁是切达再制干酪，奶制品的一种，乳白色，味道咸香。在面包制作中多用来做馅料和揉进面团中。在保质期内要密封冷藏保存。

★抹茶粉

抹茶粉多用来做抹茶面包，不仅给面包上色，也让面包有浓郁的抹茶香。

★咖喱粉

面包制作中，咖喱粉多用于馅料的调味。

★帕玛森芝士粉

帕玛森芝士粉是一种奶制品，淡黄色，细颗粒状。在面包制作中多用于表面装饰，烘烤后香味浓厚，颜色诱人。密封后冷藏保存。

★姜黄粉

姜黄粉用于某些特殊味道的面包制作。常温密封保存。

★砂糖

砂糖是面包制作中重要的原料之一，主要作用是给发酵菌提供食物，让面包有甜味，给面包保湿。

★耐烤巧克力豆

耐烤巧克力豆是一种特殊的巧克力，在面包制作中，多被用作馅料和揉进面团中。可以耐很高的温度，但不耐湿，在潮热的环境中很容易融化。密封冷藏保存，不常用时最好冷冻保存。

★ 蛋黄酱

蛋黄酱多用于面包馅料和表面装饰。不用时密封冷藏保存。

★ 核桃仁

核桃仁和其他坚果一样，作为面包制作的辅料使用。

★ 高筋面粉

高筋面粉又叫面包粉，蛋白质含量在12%以上的小麦粉都可以称为高筋面粉。不同品牌的面粉，其蛋白质的含量会有差别。高筋面粉是制作面包的重要材料，密封避光保存。

★ 猪油

猪油是动物油脂的一种，从猪的肥肉中提炼出来的，白色，在常温下是固体。在面包制作中多用来替代黄油和调制馅料。密封冷藏保存。

★ 黑可可粉

黑可可粉与可可粉一样，是用可可豆通过不同的加工方法生产出来的，黑色粉末状。多用在制作黑色面包或巧克力面包中。常温下密封保存。

★ 黑米粉

黑米粉是黑米磨成的粉，多用于制作五谷杂粮面包。

★ 黑巧克力

黑巧克力是烘焙中常见的食材，深棕色，微苦。在面包制作中多做成馅料或揉到面团中，让面包口感更有层次。密封后可常温也可冷藏保存。

★ 黑麦粉

黑麦粉由黑麦细加工而成，是粗粮的一种，多与高筋面粉配合使用，常用于粗粮面包的制作。常温下密封保存。

★黑芝麻

黑芝麻多用于面包表面装饰或揉到面团内。密封，置于阴凉干燥处保存。

★葡萄干

葡萄干在面包制作中多用于馅料或揉到面团中。密封室温保存。

★蜜红豆

蜜红豆与红豆馅一样，都是红豆制品，只是蜜红豆豆粒保留了红豆的颗粒感。在面包制作中，多作为馅料，在保质期内密封冷藏保存。

★蜂蜜

蜂蜜用在面包中，增加了面包的风味，也更健康。密封避光保存。

★熟黑芝麻碎

熟黑芝麻碎是将黑芝麻炒熟后，用料理机打碎形成的细颗粒。黑灰色，有很浓的黑芝麻味，是制作黑芝麻面包的主要原料。

★蔓越莓干

蔓越莓干在面包制作中多是作为馅料或揉到面团中。不但丰富了营养，还增加了口味的层次。

★糖渍橙皮丁

糖渍橙皮丁是用橙皮加工而成，有特殊的香味和口感。用白葡萄酒浸泡后可以用在面包制作中。用酒浸泡过的橙皮丁密封放置，常温保存。

★ 燕麦

燕麦是粗粮的一种，烘焙后香味浓郁。在面包制作中多用于粗粮面包的表面装饰或揉到面团中。常温密封保存。

★ 盐

盐是面包制作中不可缺少的材料，能让面筋形成的更好，增加面包的风味，抑制杂菌的生长。

★ 红曲粉

红曲粉是由大麦发酵后产生的。深红色，有很浓的红曲味，在面包的制作中，多被当作色素使用。密封常温保存。

★ 红豆馅

红豆馅是面包制作中常见的一种馅料，密封冷藏保存。

★ 红糖

红糖主要用于需增加特殊香味面色的制作。常温下密封保存。

★ 鸡蛋

鸡蛋在面包制作中常作为液体使用，不但为面包提供丰富的营养，也是天然的膨胀剂。冷藏保存。

馅 料

原料

蛋黄1个，糖18克，牛奶75克，低筋面粉10克

做法

1. 蛋黄里加入细砂糖，搅拌均匀（图1、图2）。筛入低筋面粉，继续搅拌至无面疙瘩（图3、图4）。
2. 牛奶煮开，取一半牛奶倒入蛋黄糊里（图5、图6），边倒边搅拌。
3. 搅匀后将面糊过筛倒回锅里（图7），小火加热，并不停搅拌，直到面糊变的浓稠细滑。立即离火并将锅放入凉水盆里，使它快速冷却。
4. 一次没用完的卡士达酱可以密封冷藏保存1周。

卡士达酱

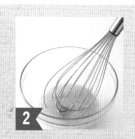

牛奶 200 克，低筋面粉 20 克，黄油 10 克，盐 2 克

做法

1. 将牛奶加热到 70℃ 左右，把低筋面粉筛入牛奶中并快速搅拌（图 1～图 3）。
2. 保持中火加热，加入盐，继续搅拌至面糊黏稠（图 4）。
3. 调小火，加入黄油（图 5），直到黄油完全与面糊融合。
4. 离火后再搅拌一小会儿，静置放凉备用。

白酱

原料

奶油奶酪 200 克，糖粉 60 克

做法

1. 将奶油奶酪切成小块，搁室温下软化，糖粉过筛备用。
2. 将奶油奶酪放入厨师机（图 1），倒入糖粉（图 2），用中低速搅拌均匀，继续搅拌到顺滑无颗粒感（图 3），装入密封盒内，冷藏保存，大约能保存 1 周。

乳酪馅

1

2

3

4

5

1

2

3

"超级啰嗦"

● 在搅拌过程中不要用高速，防止奶油奶酪被打发。如果奶油奶酪被打发，在烘烤时，会有大量的气体从馅料中释放出来，会在面包中留下大的空洞，影响面包口感。

● 若没有厨师机，用手动打蛋器打制也可以。

制作流程

这篇文章里，我会把做面包的整个流程都给大伙梳理一下，从原料到揉面手法，再到发酵、整形、烘烤，每个部分的重点我都拉出来遛遛，争取让你们看完这一篇，立马信心满满地烤面包去！

Ready？Go！

一．武林秘籍：配方

初学者做面包，肯定得有个配方做参考，这个配方，就是咱们的武林秘籍，在你刚入门的时候，千万千万别擅自篡改"秘籍"哦，否则"走火入魔"了，我可不负责……

虽然不能随意篡改配方，但因为每家使用的高筋面粉品牌不一样，吸水性有差别，所以按一个配方做面包时，可以先留20克左右的水（液体）不加进去，等基本面团和好后看看状态，再决定是否再加剩下的水（液体）。

拿这本书里的热狗面包举个例子吧：高筋面粉250克，砂糖36克，盐4克，奶粉8克，干酵母4克，水160克，黄油15克。

全是常见的原料，建议大家买齐了再做。唯一可以调整的，就是奶粉，如果你家没有又不想去买，可以省略，但千万别觉得都是粉，就把奶粉擅自替换成高筋面粉哦！

二．勤学苦练：揉面

揉面这事儿，用文字还真不太容易说清楚，

所以，看视频吧！看完我再给你们划一下重点。

面包制作中的揉面技巧

先贴一下厨师机揉面和手工揉面的基本流程哈!

厨师机揉面流程

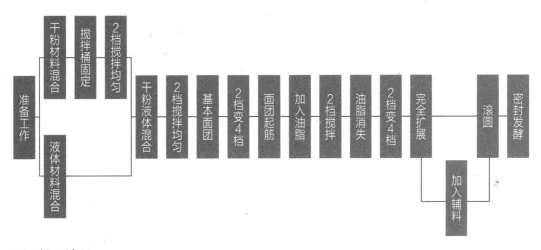

准备工作 → 干粉材料混合 / 液体材料混合 → 搅拌桶固定 → 2档搅拌均匀 → 干粉液体混合 → 2档搅拌均匀 → 基本面团 → 2档变4档 → 面团起筋 → 加入油脂 → 2档搅拌 → 油脂消失 → 2档变4档 → 完全扩展 → 加入辅料 → 滚圆 → 密封发酵

手工揉面流程

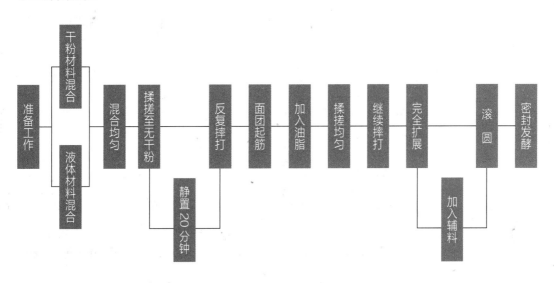

准备工作 → 干粉材料混合 / 液体材料混合 → 混合均匀 → 揉搓至无干粉 → 反复摔打 → 静置20分钟 → 面团起筋 → 加入油脂 → 揉搓均匀 → 继续摔打 → 完全扩展 → 加入辅料 → 滚圆 → 密封发酵

1. 机器揉面时，一定要注意看视频1分22秒~1分28秒，"完全扩展状态"的检查方法和形态哦。这个状态，是咱做面包经常要揉到的状态，一定得看仔细了！

2. 手工揉面时，最重要的就是揉面的技法，从视频的第2分钟开始，先揉搓，再摔打（2分06秒开始），这种揉面方法是手揉面团容易出筋的技巧，看好了多练习，不然手法不对，胳膊揉到抬不起来了也揉不好的情况，也不是没有哦！

3. 面基本揉成团，没干粉了以后，把面团密封好，静置20分钟，静置会让面团自行产生面筋，能减少咱们揉面的时间哦。

三.闭关修炼： 初次发酵

视频的第2分45秒开始是发酵方法，
仔细看，尤其是判断面团有没有发好的方法哦。

扫二维码，看视频演示哦！

面包制作的基本流程和方法

老规矩，继续划重点。

先说说发酵需要的环境吧，简单说就是3点：密封，保湿，温度合适。保证了这几点，就是发酵状态的判断了。首先看体积，面团要膨胀到2~2.5倍大，然后用手指沾干粉，在面团表面戳个洞，洞口如果不回缩，或微微回缩但面团不塌陷，这个状态就是发好了（视频2分58秒的状态就可以哦）。

如果你想缩短发酵时间，不妨试一下"中种面团"的发酵方法。

中种面团，就是先把一部分面、酵母、水等混合成一个面团先进行发酵，发酵到3倍大甚至更大后，用手指戳一下面团，如果完全不回弹，闻起来有酵母味儿（但一定不能有酸味儿，发酸的中种面团是不能用的哦），就可以和主面团的材料混合在一起继续做面包啦。中种面用发酵方法比普通发酵方法用时要短，这也是面包做法中比较常见的一种方法。

四.改头换面：整形

对于初学者来说，视频里橄榄形、长条形、一股辫、三股辫、吐司卷和贝果圈等基础整形方法，基本就够用了。但是哈，从发酵完成到整形之前，还有3步要走，别着急哦！

面包的几种整形方法

一是按压排气：发好的面团用手掌轻轻拍一拍，排掉大部分的气体就可以了，不要使劲儿揉搓和捶打哦（视频3分05秒，有排气的手法展示哦）。

二是分割：看你做的是啥了，按要求分成若干个面团，最好用秤称一下，分得均匀准确一点儿。

三是滚圆松弛：分割好的小面团是不能直接整形的，要先滚圆，盖好松弛15～20分钟后，才可以整形（滚圆的手法，从上面视频的2分58秒看）。

五.再度闭关：最后发酵

一般最后发酵，要求发到2倍大小。在面包的"腰部"，用手指肚儿轻轻按一下，当你看到面包表面缓慢回弹后，留下一个小坑，就说明发好了。如果是快速回弹，没有留下痕迹的话，说明还没有发到最佳状态。

这个动态过程，参考整形视频里3分18秒开始的那段儿，有发好的大小对比，还有检验方法，清楚的不要不要的。

另外，我得嘱咐大伙一句，最后发酵一定要注意3点：

一是密封（不然面团干皮，会影响成功率）。

二是给面团留出膨胀的空间。

三是摆在铺好油纸或油布的烤盘上发酵，发好后就不要再来回移动了，直接把烤盘放进烤箱烤就可以啦！

六. 学成出山：烘烤

1. 烤箱一定要预热哦!

预热，就是在配方里要求的烘烤温度的基础上，提高 20 ~ 30℃，先把烤箱打开，空烧 15 ~ 20 分钟，然后再把面包放进去烤。如果不预热，面包进来才开始慢慢升温，会直接影响面包的状态哦!

预热温度为什么要比烘烤温度高 20 ~ 30℃呢?

因为咱用普通家用烤箱时，在开关烤箱门的一刹那，有些热量就逃走了，这就导致烤箱的温度，比咱设定的温度要低。

所以我们设定的预热温度，可以比实际要求烘烤的温度高 20 ~ 30℃。比如，要求 180℃烘烤，咱预热的时候就设定在 200℃，等面包进烤箱以后，再把设定温度调回 180℃，懂了吧?

如果烤箱中安装了石板，那要预热 1 个小时左右，不过这个时间也是要根据石板厚度来调的(这个属于面包晋级阶段，初学者先不建议安装石板)。

2. 面包应该放在哪层烤?

（1）烤箱容量在 45 升以下(不含 45 升)，用烤盘装面包时，最好放在最下层；容量在 45 升以上，单个面团在 200 克以上的，放下层，单个面团在 50 克左右时，放中层。

（2）如果烤吐司，就不要用烤盘了，把面团装进吐司模，然后放在烤网上就行，摆放位置参考上一条。

（3）如果烤箱安装石板，建议安装在最下层，这样能更好地接收下加热管的热量。安装石板后就不用烤盘和网架了，面包可以直接放在石板上烤。

3. 怎么知道面包是否熟了?

面包按照第 2 条里的位置摆放，然后根据配方里的参考时间，再结合下面面包的几种状态，综合着看，基本就能判断出它是不是熟了。

（1）体积：面包放进预热好的烤箱后，会慢慢地"变胖"，"胖"到原来的 1.5～2 倍大时就差不多了。

（2）颜色：面包在烤制过程中，颜色也会发生变化。如果面包刷蛋液了，颜色会从淡黄色慢慢变成金黄色或红色，如果没刷蛋液，颜色会慢慢变成深棕色，这时候就基本烤好了。

（3）状态：当你觉得面包看起来熟了时，用手指轻轻按一下面包的"腰部"，看看面包的回弹速度，如果快速回弹到原来的样子，就说明烤好了，如果回弹很慢，留下一个小坑，就说明没有成熟。记得一定要戴好隔热手套，不然烫手哦。

Ps：如果你用手测试过，觉得面包还没熟，但颜色已经好了，就在面包表面盖一层锡纸，然后适当地增加点儿时间就 ok 了。

好了，说了这么多，是不是觉得有点儿快"消化不良"了？不用怕，理论＋实践，这样才会出效果哦，所以只要先动起来，迈出第一步，发现问题解决问题，就没有完不成做不好的事儿，加油吧……

对于刚接触面包的同学，建议你先从简单的热狗面包、三叶草面包做起，练练手，等把简单的学会了，咱对面包的每个状态都胸有成竹了，再玩儿高难度的，就轻松多了。

关于面包，我之前还写过一些常见问题的解答，都贴在这儿，喜欢哪篇，扫码就能看哦！

常见问题 1

常见问题 2

PART 2

欧包

超软法式炼乳

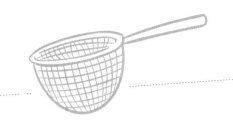

原料

高筋面粉·············225克
低筋面粉·············25克
砂糖·················20克
盐···················5克
干酵母···············4克
水···················135克
牛奶·················40克
黄油·················25克

黄油馅
黄油·················100克

砂糖·················20克
蜂蜜·················10克

做法

黄油馅做法

将黄油提前软化，用打蛋器搅拌到细腻无颗粒感、颜色发白，接着加入蜂蜜，搅拌均匀，最后加入砂糖，手动拌匀即可。

面包做法

1 黄油提前切小块，放室温软化。

2 高筋面粉、低筋面粉、糖、盐、干酵母放入搅拌桶，然后倒入牛奶、水混合物（图1）。

3 先用2档搅拌约1分钟，面团（图2）基本成形，再转4档搅拌8~10分钟，面团会慢慢形成面筋，能拉出一个比较厚的膜（图3），加入软化的黄油（图4）。

4 先用2档搅拌至看不到黄油，再转4档搅拌。约10分钟，面团达到完全扩展状态（图5，面团能拉出很薄、很透明的薄膜，有韧性，戳破之后，破洞的边缘光滑无锯齿）。

5 将面团滚圆，放到大的容器中（图6），密封，开始第一次发酵。

6 发酵35~45分钟（室温27℃左右），面团会涨到原体积的2倍大，用手指蘸一些干面粉，在面团上戳一个洞，没有回缩或微微回缩，不塌陷，即为发酵完成（图7）。

7 将发好的面团移到操作台上，用手掌轻拍排气（图8）。将面团平均分成4份，分别揉圆，密封好，松弛15~20分钟（图9）。

8 将松弛好的面团搓成一端略尖（图10），然后擀成一个倒三角（图11），将面团翻面，光滑面向下，从小头向下卷起成两端略尖的橄榄形（图12、图13），把封口压紧，封口朝下均匀摆在耐烤油布上（图14），密封好开始最后发酵。

9 当面团膨胀到原体积的2倍大就可以了，用锋利的刀片划出两道刀口，深度1厘米，并在切口处挤上一小条黄油（图15、图16）。

10 提前以200℃预热烤箱，将面包放在烤箱中下层，用喷壶喷几次水雾，关掉电源，7分钟后打开电源，烤15分钟，观察状态和颜色变化，根据实际情况再加2~5分钟（图17）。

11 面包出炉，移到网架上放凉。用锯刀从中间割开，涂上黄油馅即可（图18）。

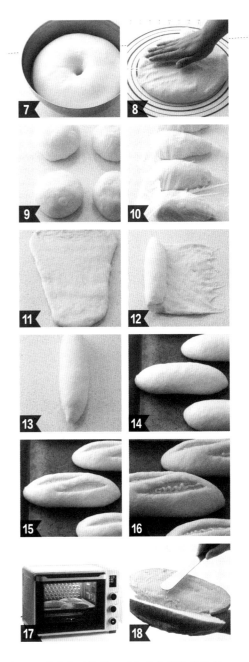

"超级 唠嗑"

●揉面时，要揉到完全扩展状态，面团要有延展性，面包才会膨胀的很好。

●面团在发酵时，一定要密封好，不要透风，不然面团干皮就没法使用了。

●面包在整形时，尽量不要沾太多干粉，干粉太多会使封口粘合不紧、切口处开裂的不好看。切口处挤黄油，也是为了开口更漂亮。

●往烤箱内喷水雾时不要喷在面包和加热管上，喷在两端内壁上就好。

●关掉电源是为了能烤出更完美的开口。

●如果黄油馅有剩余，放冷藏保存。

玉米粉面包

（长条形发酵篮205毫米X150毫米X80毫米）

原料

高筋面粉	100克
细磨玉米面	100克
砂糖	20克
盐	2克
酵母	2克
水	130克
黄油	15克

做法

1 黄油在室温软化。

2 将除黄油外的所有原料混合（图1），充分揉搓成面团（图2），反复摔打至面团表面光滑。

3 将黄油加入面团中（图3），继续反复揉搓至黄油完全消失，继续摔打面团，直到面团表面光滑细腻（图4），能粗略拉出薄膜就可以了（图5）。

4 把揉好的面团放到一个大容器中（图6），用保鲜膜盖好，进行第一次醒发。

5 当面团发到原体积的3倍大时（图7），把面团移到案台上，轻揉排气，反复折叠成长条形（图8），光滑面朝下放到发酵篮中（图9），用保鲜袋罩好，进行第二次发酵，待面团膨胀到占满发酵篮就可以停止发酵了（图10）。

6 提前以200℃预热烤箱、烤盘。把面包倒扣在耐烤油布上，在面包中线位置割开深1.5厘米的刀口（图11、图12），将面团和油布一起放到预热好的烤盘上，快速在烤箱两端内壁上喷几次水雾，立刻关上烤箱门，烤20～25分钟即可。

"**超级**
啰嗦"

● 如果只有粗磨玉米粉，需提前一天取配方中的一部分水进行浸泡，隔天使用。

● 由于玉米粉中能形成面筋的蛋白质很少，所以面团不能揉至普通面包的完全扩展状态。

● 这款面包的面筋强度不高，会发酵得很快，所以第一次发酵时可以发的大一点，但要注意不要发过了，否则面团会发酸。如果室温较高，也可以放在冷藏室发酵。

● 整形时轻轻折叠就好，若用力过大，面团表面会破裂。

● 面团装入发酵篮前，要先在发酵篮中撒干粉，面包封口线朝上放入发酵篮。

● 将面包倒扣到油布上时，一定要轻，不然面包会塌陷。

吉布塔

原料

高筋面粉	135克
低筋面粉	35克
砂糖	20克
盐	5克
干酵母	3克
老面	30克
全蛋液	50克
水	70克
黄油	15克

辅料

帕玛森芝士粉	适量
火腿片	3片
芝士片	6片

做法

1 将辅料从冰箱里取出，回温备用。火腿片切成与芝士片一样大。

2 将除黄油外的所有材料放入搅拌桶中（图1），用2档慢慢搅拌至没有明显干粉后（图2），调成4档搅拌至面团起筋，可以拉出厚厚的膜（图3），加入提前软化的黄油（图4），先用2档把黄油搅进面团，再调到4档继续揉面，直到完全扩展状态（图5）。

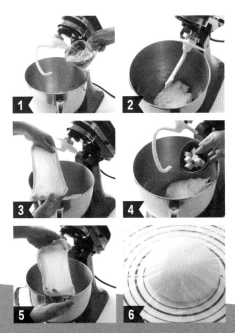

3 将完全扩展的面团滚圆收紧，用保鲜膜盖好，进行第一次发酵（图6）。当面团发到原体积的2～2.5倍大的时候，用手指蘸干粉在面团表面戳洞，如果面团不回缩或微微回缩，也没有塌陷，就说明面团发好了（图7）。

4 用手掌轻拍面团排气（图8），然后平均分成3个小面团（图9），密封松弛15分钟。

5 将松弛好的面团擀成边长约12厘米的正方形（图10），四边薄中间厚，翻面，摆上芝士片、火腿片（图11、图12），四角对折包好（图13），收口朝下摆在耐烤油布上，表面撒帕玛森芝士粉做装饰，（图14、图15）密封，进行最后发酵。

6 待面包膨胀到原体积的2倍大时，用锋利的刀片划十字口，提前以180℃预热烤箱，把面包放在中下层，烤15～18分钟即可（图16）。

"超级° ₉啰嗦"

● 在揉面的过程中，偶尔停下来检查面团的状态是很有必要的，多掌握面团的变化规律。

● 加入黄油的点一定要找好，不要过早或过晚，过早会拉长到达完全扩展状态的时间，过晚可能会揉面过度。

● 第一次发酵时，要让面团自由的膨胀，发酵过程中不要触碰和拉扯面团。

● 在给发酵好的面团排气时，不要再次揉搓和拉扯面团，只要按压排气就可以了。

● 因为烤箱的差异，在烘烤的进程中，随时注意面包体和表面装饰物的颜色变化，防止过度烘烤。

金枪鱼餐包

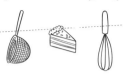

原料

中种

高筋面粉	140克
干酵母	2克
水	100克

主面团

高筋面粉	60克
盐	2克
砂糖	20克
奶粉	6克
鸡蛋	20克
水	10克
黄油	24克

金枪鱼馅

金枪鱼肉罐头	1小盒		
洋葱	半个	盐	少许
蛋黄酱	2小勺	**装饰**	
黑胡椒	少许	马苏里拉芝士碎	适量

做法

1 黄油软化备用。

2 将中种材料中的所有材料混合，充分揉搓均匀后，密封好，发酵到原体积的2～3倍大，但不能有酸味（图1、图2）。

3 中种发酵好后，把主面团中除黄油外的所有材料一同混合，用揉搓的方法充分揉搓均匀（图3），然后在案板上反复摔打，直到面团有一定的弹性、可以拉出一个比较厚的膜时（图4），加入黄油（图5）用反复揉搓的方法把黄油完全揉入面团，继续摔打

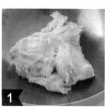
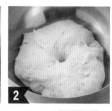

面团至有很好的弹性和延展性，即完全扩展状态（图6）。

4 把揉好的面团滚圆，放到一个大容器中（图7），盖好并松弛10分钟（图8）。把松弛好的面团平均分成5等份，分别滚圆后再静置15分钟（图9）。用等待的时间把金枪鱼馅的所有材料拌匀，咸淡按个人口味调整。

5 将静置好的小面团用手压扁、排气（图10），包入准备好的馅料（图11、图12），表皮沾一些马苏里拉芝士碎（图13），封口向下摆在烤盘中，盖好进行最后发酵，当面团膨胀到原体积的2.5倍左右大时（图14），用剪刀在表面剪出十字口（图15），最后在所有面包上喷一些水雾。

6 提前以200℃预热烤箱，把面包放在烤箱中下层（图16），烤约13分钟，出炉即可。

"**超级**啰嗦"

● 中种面团的发酵比较快，要随时检查面团的大小和气味，不要发的过大，以免发酸。

● 包馅时，粗糙面朝上，光滑面作为展示面，尽量多包一些馅料。

● 不同的金枪鱼制品的咸度不同，盐的量根据实际情况加。馅料中也可以加一些马苏里拉芝士碎，口感更香浓。

卡门贝尔

原料

高筋面粉	210克
全麦粉	25克
砂糖	15克
盐	5克
干酵母	4克
烫种	23克
水	150克

辅料

蔓越莓干	30克
红葡萄酒	3克

乳酪馅

奶油奶酪	200克
糖粉	60克

烫种

高筋面粉	100克
开水	95克
盐	1克
糖	10克

做法

酒渍蔓越莓做法

蔓越莓干用开水泡10秒钟，沥干水后用红葡萄酒浸泡，让每颗果干都沾上红酒，密封好隔夜备用。

乳酪馅做法

提前将奶油奶酪切成小块，在室温软化，与糖粉一同放在搅拌桶里，搅打成顺滑无颗粒感的状态就可以了。

烫种做法

将面粉、糖、盐混合，将水烧开后立即倒入面粉中，快速搅拌5分钟，密封后在室温放凉，放冰箱冷藏隔夜备用。

面包做法

1 高筋面粉、全麦粉、糖、盐、干酵母、烫种放入搅拌桶，加水（图1）。

2 开机，先用2档搅拌约1分钟，面团基本成形，再将机器转速提高到4档，经过10~15分钟，面团变的很有弹性，停机检查状态，清理粘在打面钩上的面团（图2）。

3 继续用4档揉13分钟左右，面团达到完全扩展状态（图3，面团能拉出很薄很透明的薄膜，有韧性，戳破之后，破洞的边缘光滑无锯齿）。

4 将面团移到大容器中或放在桌面上，用保鲜膜盖好，进行第一次发酵（图4）。

5 发酵35~45分钟（室温27℃左右），面团会涨到原来体积的2倍大，用手指蘸一些干面粉，在面团上戳一个洞，这个洞没有回缩或微微回缩，不塌陷，这个状态就是发酵完成啦（图5）。

6 在案板上轻撒一层薄粉，将发好的面团移到案板上，用手掌轻拍排气。

7 排气之后，将面团一分为二，分别折叠成长的椭圆形（图6、图7），用保鲜膜盖好，静置15~20分钟。

8 用手掌将松弛好的面团拍成长条形面饼，光滑面向下（图8），在中间挤上60~70克乳酪馅，撒上适量酒渍蔓越莓，自上向下卷起（图9、图10），卷紧，不要卷进大气泡，封口处压紧，搓成长条并弯成马蹄形，封口向下，摆在烤盘或烘焙油布上（图11）。用保鲜膜盖好，最后发酵。

9 当面团膨胀到原体积的2~2.5倍大时，表面撒上一薄层干粉，用锋利的刀片在中间位置划一刀（图12、图13）。

10 提前以200℃预热烤箱，将面包放在烤箱中下层，烤15分钟左右（图14），出炉后移到网架上放凉。

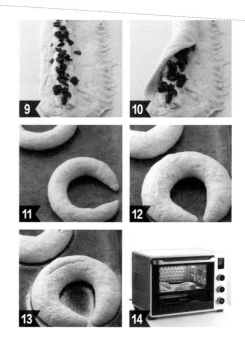

●因为面团中没有黄油，在揉面的时候要随时观察面团变化，完全扩展状态即可，不要把面团揉过，若过了完全扩展状态，虽然延展性很好，但筋性不好，烤好的面色没有弹性，形状扁。

●因为面团中没有黄油，第一次醒发时，可以在碗内壁或桌面上抹薄薄一层色拉油，以防黏住。

●乳酪馅可以提前一天做好，使用时提前回温，或在等待面团发酵的时候现做也行。

●用酒泡好的蔓越莓，不用放在冰箱里，因为酒的原因，短时间内不会变质。

●色乳酪馅和蔓越莓时，一定要包紧，不要包进太多的空气。

●要想烤好的面包挺实有弹性，在整形时要卷的紧实些，封口处一定要压紧。

潘妮托妮

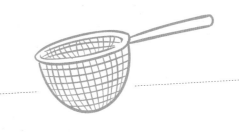

原料

液种

低筋面粉…………85克

牛奶…………85克

干酵母…………1克

主面团

高筋面粉…………250克

奶粉…………6克

干酵母…………2克

牛奶…………70克

蛋黄…………1个

全蛋…………1个

砂糖…………80克

盐…………3克

黄油…………85克

辅料

葡萄干…………50克

橙皮丁…………50克

蔓越莓干…………30克

朗姆酒

（白兰地酒）……13克

装饰

全蛋液…………适量

杏仁片…………适量

模具

直径14厘米、高6厘米，圆形

做法

1 辅料中的3种果干用开水浸泡几秒钟，洗净，沥干水，分别加入果干量1/10的朗姆酒或白兰地酒搅拌均匀后密封，放在室温隔夜待用。

2 液种中的所有材料一同混合，搅拌均匀后密封，室温发酵至原体积的1.5倍后放入冷藏室隔夜待用（图1、图2）。

3 次日，将主面团中除黄油外的所有材料与液种混合（图3），反复搅拌让所有材料充分混合均匀（图4），将面团移到案板上，反复揉搓、摔打，直到面团光滑有弹性，能拉出膜（图5，如果用厨师机和面，将速度调到中速，持续搅打到面团光滑有弹性的状态）。

4 可以加入黄油（图6），先加45克，揉到黄油完全消失后，再加入剩下的黄油，反复揉搓到所有黄油消失，反复摔打面团至完全扩展状态（图7）。

5 将所有果干均匀地揉进面团（图8~图10），滚圆后放在密封容器中发酵（图11）。当面团发到2.5~3倍大时，就可以停止发酵了（图12）。

6 给发好的面团排气，分成3等份，分别滚圆静置15分钟（图13）。

7 再次轻轻排气，滚圆后捏紧封口处，放在模具中，盖好进行最后发酵（图14）。

8 提前以200℃预热烤箱，当面团膨胀到刚好与模具侧面接触就可以了。

9 面团表面刷全蛋液（图15），撒上杏仁片，放在烤箱中下层，以200℃先烤15分钟，盖上锡纸，再烤5～10分钟即可。

"超级°啰嗦"

●潘妮托妮是一款传统的圣诞节日面包，高糖高油，热量自然也不低，但过节嘛，偶尔放纵一下味蕾也是很开心的。

●主面团中的糖分和液体比较多，所以开始揉面时面团会很黏手，这是正常的，随着面筋的形成，面团就会更好操作了。

●因为配方中糖的含量高，所以从开始揉面到加入黄油，这个过程会比较长，一定要有耐心哦。

●由于配方中黄油含量很高，所以黄油要分2次加入，这样做是为了不让过多的黄油破坏面筋组织。

●加入黄油之后，可以用反复揉搓的方法把黄油揉进面团里，如果用厨师机揉面，这个阶段要选择慢速。

●由于面团很湿黏，在操作时要快，手上可以沾一点点色拉油来操作。操作过程中尽量不要用干粉。特别是在装入模具前的滚圆阶段，面团底部一定不要粘到干粉，不然在烘烤过程中面包会爆裂哦。

●烘烤时注意观察面包上色是否均匀，如果发现上色不匀，要马上将面包转一个方向，因为颜色浅的区域火力小，面包会在这里破裂。

●这款面包有蛋糕的柔软度，所以烤不够或最后发酵过大，晾凉后都会出现塌陷，做的时候要注意掌控面团的状态哦。

白酱鸡肉堡

原料

高筋面粉	200克	
盐	4克	
干酵母	3克	
糖	10克	
水	120克	
橄榄油	16克	
干罗勒叶	3克	
洋葱碎	30克	

辅料

熟鸡胸肉	100克
西蓝花	50克
马苏里拉芝士碎	100克

白酱材料

牛奶	200克
低筋面粉	20克
黄油	10克
盐	2克

做法

白酱做法

将牛奶加热到70℃左右，筛入低筋面粉并快速搅拌，保持中火加热，加入盐，继续搅拌至面糊黏稠，调小火，加入黄油，直到黄油完全与面糊融合。离火后再搅拌一小会儿，静置放凉备用。

鸡肉堡做法

1 西蓝花用开水烫一下，放入冰水泡凉，沥干水备用。

2 将除洋葱碎外的所有原料混合成没有干粉的基本面团，反复揉搓，让液体与其他材料充分融合（图1、图2），用保鲜膜盖好，静置20分钟。

3 将静置好的面团放到案板上，揉1分钟左右，然后反复摔打面团，直至完全扩展状态（图3），加入洋葱碎，慢慢揉进面团（图4），将面团滚圆，放在一个大容器中，进行第一次醒发（图5）。

4 当面团发到2～2.5倍大时，用手指蘸干粉在面团表面戳洞，如果面团不回缩或微微回缩，也没有塌陷，就说明发好了（图6）。将发好的面团放到案板上，用手掌轻拍排气，平均分成4份，分别滚圆并松弛15～20分钟（图7）。

5 把松弛好的面团擀成椭圆形，平均摆在耐烤油布上（图8、图9），放在烤盘中进行最后醒发，当面团发酵到原体积的2倍大时停止发酵（图10），用软刷在面团上刷上白酱（图11），摆上西蓝花和鸡肉，最后撒上马苏里拉芝士碎（图12～图14）。

6 提前以200℃预热烤箱，将烤盘放在烤箱中下层，快速在烤箱两侧内壁喷上水雾，立即关上烤箱，烤18～20分钟即可。

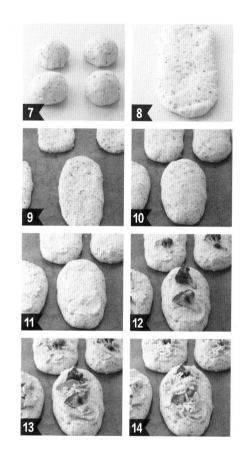

●鸡胸肉可以自己制作，也可以购买成品鸡胸肉片，有很多口味可选择。

●制作白酱时，始终保持抄底搅拌，以免糊底，糊底后会有很浓的烟熏味。

●揉面的时候，刚刚达到完全扩展状态就好，不用有特别好的延展性。

●白酱不要刷的太厚，面团边缘留出1厘米的边儿不要刷，否则表面的辅料会在烘烤的过程中滑落。

●最后整形时，可以擀成椭圆形或圆形，面团最后醒发时不要发的过大，否则在最后操作时面团会漏气塌陷，影响最终外形和口感。

●烘烤的时候，面包应放在中下层，不要太靠近下加热管，否则面包底部会太干、太硬。

●烘烤时间仅作为参考，实际要按自家烤箱的火力来调整。

德式黑麦面包

做法

1 麸皮提前用150℃烤香，备用。

2 把所有原料混合，搅拌成没有明显干粉的基本面团，密封好静置20~30分钟（图1、图2）。将静置好的面团移到案台上反复摔打，直至面团有弹性、延展性，达到完全扩展状态（图3）。

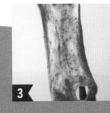 

3 将面团滚圆，放到大的容器中，密封好，进行第一次发酵（图4）。当面团膨胀到原体积的2～3倍大时停止发酵，用手指蘸干粉在面团表面戳洞，如果面团不回缩或微微回缩，也没有塌陷，就说明面团发好了（图5）。

4 把发好的面团平均分成两份，折叠成长条形，密封好，松弛20分钟左右（图6）。

5 把松弛好的面团擀开，从上向下卷起，卷成筒形，捏紧封口线（图7～图9），均匀摆在耐高温油布上，密封后进行最后发酵（图10）。

6 待面团发到原体积的2倍大时就可以停止发酵（图11），在面包表面刷蛋液，划出三个割口（图12、图13）。

7 提前以200℃预热烤箱，把面包放在烤箱中下层，快速在烤箱两侧内壁喷水雾，迅速关上门，1分钟后再喷一次水雾，烤20分钟左右。

8 出炉后，快速转移到网架上放凉（图14）。

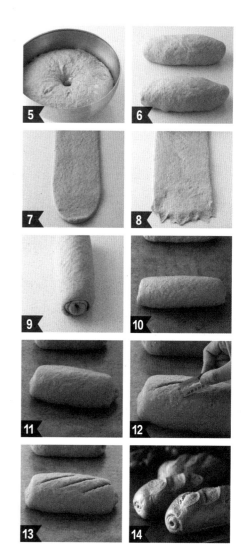

"超级°啰嗦"

● 烘烤麸皮时，温度不要太高，经常翻拌，防止烤糊。

● 揉面中的静置是让面粉与水结合，并自我水解，产生面筋，如果室温较高，可以把面团放在冰箱冷藏静置。

● 在摔打的过程中，面团水分会流失，揉面的过程中如果觉得有些干，可以洗下手，用手上的水来滋润面团，这个方法可以反复使用。

● 在卷起面团的过程中不要过紧，封口处一定要压紧，不然会崩开。

● 在松弛或醒发面团时，一定要保持湿润，可以用保鲜膜盖好，也可以用大的容器罩住。

● 最后发酵时，发的不够或发的过大都会影响成品的品质。

● 往烤箱内喷水雾时，不要直接喷在面包和加热管上。

法式核桃面包

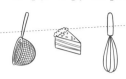

原料

液种

高筋面粉	100克
水	100克
干酵母	2克

主面团

高筋面粉	150克
低筋面粉	100克
蜂蜜	10克
盐	7克
水	145克
干酵母	2克

辅料

核桃仁	45克

做法

1 提前一天准备液种，将高筋面粉与干酵母混合均匀，倒入常温的水，充分搅拌，用保鲜膜封住容器，在室温下发酵30~60分钟（图1），当液种开始膨胀时（图2），移到冷藏室，隔夜备用。核桃仁提前用150℃烤香备用。

2 次日，将液种和主面团所有材料混合均匀，用保鲜膜盖好，静置20分钟（图3）。

3 静置好的面团移到案板上，反复揉搓摔打，直至扩展阶段（图4）。面团加核桃仁拌匀（图5、图6）不折叠，平摊发酵2小时（图7），然后翻面对折两次，再发酵1小时（图8、图9）。

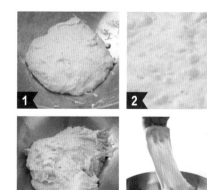

4 面团平均分成两份，分别揉圆后用保鲜膜盖好松弛15分钟（图10）。将松弛好的面团微微排气，保留大部分气体，翻面后从上向下卷起，压紧封口处，成胖胖的橄榄形，放到耐烤油布上，盖好进行最后发酵（图11~图14）。

5 当面团膨胀到原来的2倍大时停止发酵，在面团表面撒一薄层干粉（图15），然后斜方向划三刀，并在刀口内刷一薄层色拉油（图16）。

6 提前以210℃预热烤箱，烤盘放中下层一同预热。将面包连同油布一同滑入烤盘，在烤箱两端内壁喷上水雾，快速关上烤箱门，关闭烤箱电源，5分钟后打开电源继续烤20~25分钟。

"超级°啰嗦"

●核桃仁要用低温烘烤，150℃就可以了，烤11~13分钟，观察核桃仁表面有油慢慢渗出来就可以了，不要烤的太过，会有苦味。

●第一次发酵，若室温26℃左右，发酵2小时后折叠，若室温在30℃左右，发酵70~90分钟就可以折叠。折叠前不用排气，保持原样折叠就行。

●在最后割包的时候，注意尽量一刀割好，不要补刀，深度在1厘米，不要太深。

●在给割口内侧刷色拉油时，薄薄一层就好，如果太多，在烘烤过程中，油会流下来，影响面包的美观。

●制作法式面包，对烤箱要求比较高，要可以达到210~250℃的高温，容积要大，密封性好。如果可以加石板和蒸汽就更完美了，加入石板后，预热时间会长一些。

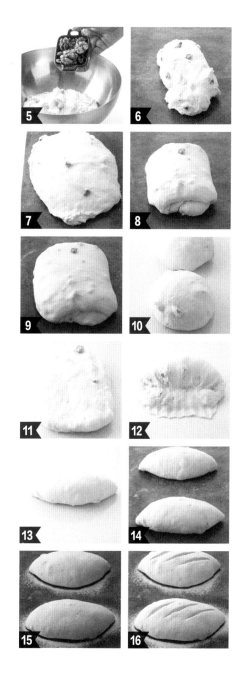

黑谷面包

原料

高筋面粉	180克
老面	40克
黑芝麻粉	10克
黑米粉	10克
红糖	6克
白砂糖	14克
盐	3克
干酵母	3克
全蛋液	10克
水	120克
黄油	16克

老面

高筋面粉	50克
水	35克
干酵母	0.5克
盐	1克

馅料

无盐花生酱（颗粒感）	100克
蜂蜜	30克

做法

老面做法

1 将老面的全部材料充分混合均匀成基本面团，用保鲜膜盖好静置20分钟。

2 静置好的面团继续揉搓摔打，揉至扩展状态，不折叠平摊发酵2小时，翻面对折两次，再发酵1小时。

3 经过3小时左右的发酵后，老面就可以用了，密封冷藏，隔夜后使用最佳，剩余的部分可冷冻保存，下次再使用。

面包做法

1 馅料材料混合均匀，备用。老面备好，黄油放室温化软。

2 将原料中除黄油外的所有材料混合，用2档揉成没有干粉存在的面团，然后换4档揉至面团有弹性、能拉出比较厚的薄膜（图1～图3），加入黄油（图4），用2档慢慢将黄油揉进面团，待黄油完全消失，再提高到4档，把面团揉到完全扩展（图5）。面团滚圆后放在大容器中，进行第一次发酵（图6）。

3 面团发到原体积的2倍大时停止发酵，用手指蘸干粉在面团表面戳洞，如果面团不回缩或微微回缩，也没有塌陷，就说明面团发好了（图7）。

4 将发好的面团移到案板上，轻拍排气，平均分成两个面团，分别折叠成长条形（图8），密封好松弛20分钟左右。

5 将松弛好的面团擀成长条形，光滑面朝下（图9），在面团上抹上一层花生酱馅（图10），从上向下卷起（图11），轻轻收紧，捏紧封口线（图12），摆在耐烤油布上，密封，开始最后发酵（图13）。当面包发到2倍大，在面团表面撒上一层薄粉，用刀片划出深1厘米的刀口（图14）。

6 提前以200℃预热烤箱，烤盘放中下层一同预热，将面团和油布一起滑入烤盘，快速在烤箱内喷几次水雾，烤16分钟左右即可，烤好后将面包移到网架上晾凉。

"超级°啰嗦"

●配方中的黑芝麻粉和黑米粉可以在超市买磨好的，如果喜欢自己动手，也可以自己用打碎机制作。黑芝麻炒熟后再打碎，更香。

●揉面时注意观察面筋变化，面筋形成的会慢一些，无论是机器揉还是手揉，都要随时检查，更好的控制面包品质。

●抹馅时，只抹2/3部分，面片边缘留出1厘米空白，不要抹馅。花生酱选择有颗粒感的更好吃。

●烤箱预热时，将烤盘直接放在中下层，这样面包在入烤箱时就不用再调整位置了。

黑芝麻面包

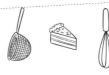

高筋面粉·············200克	
裸麦粉················25克	
黑芝麻粉··············25克	
砂糖·················30克	
干酵母················4克	
盐··················3克	
全蛋·················20克	糖粉················45克
老面·················40克	熟黑芝麻粉············20克
水·················130克	**装饰**
黄油·················20克	黑芝麻糊粉············30克
辅料	水·················40克
奶油奶酪·············140克	炼乳················5克

做法

1 辅料中的奶油奶酪提前在室温化软，与糖粉均匀混合，再加入熟黑芝麻粉搅拌均匀成馅。

2 将原料中除黄油以外的所有材料一同倒入搅拌桶（图1），用2档将所有材料混合成一个基本面团（图2），然后换到4档，直到面团有弹性、能拉出较厚的膜儿（图3），加入黄油（图4），用2档慢慢把黄油揉进面团，黄油消失后，换成4档，直到完全扩展状态（图5）。把面团滚圆，放在大的容器中，进行第一次发酵（图6）。

3 当面团发到2倍大时停止发酵，用手指蘸干粉在面团表面戳洞，如果面团不回缩或微微回缩，也没有塌陷，就说明面团发好了（图7）。

4 用手掌轻拍给面团排气。将面团平均分成两份，分别折叠成长条形（图8），用保鲜膜盖好，松弛20分钟左右。

5 将松弛好的面团轻拍成长椭圆形，挤上60～70克馅料（图9、图10），包好后把封口线捏紧，轻轻搓成40～45厘米的长条状（图11、图12），一端搓尖一端擀开（图13），首尾对接，做成环形，捏紧封口处（图14），放到温暖湿润的环境中发酵，当面团膨胀到原来2倍大就可以了（图15），所有表面装饰材料混合均匀，用裱花袋挤在面团表面进行装饰，撒一薄层干粉（图16）。

6 提前以200℃预热烤箱，烤盘放中下层一同预热，将装饰好的面包和油布一同滑入烤盘，烤15分钟左右就可以了，烤好后把面包转移到网架上晾凉。

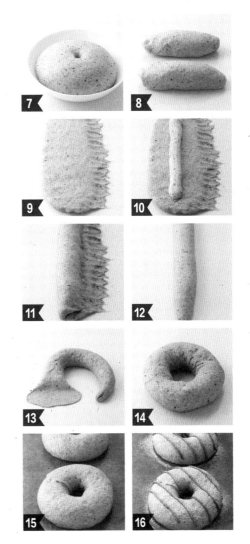

"超级°
ᵍ啰嗦"

●黑芝麻粉在超市可以买到，也可以自己做，黑芝麻炒熟后用机器打碎，香味更浓。

●配方中有裸麦粉和黑芝麻粉，所以面团的延展性会很好，在揉面时要随时检查面团状态，不要过度揉面，特别是用机器揉面，更要随时停机检查状态。

●在初整形时，如果面团收的比较紧，那松弛的时间也应相对长一些。

●最后整形时，包好馅后要搓成一定的长度，再首尾连接成环形。

红酒蔓越莓面包

原料

高筋面粉············240克

砂糖················12克

盐····················3克

干酵母··············3克

红酒················60克

水··················100克

黄油················10克

辅料

蔓越莓干············40克

红酒·················4克

做法

1 蔓越莓洗净沥干，与4克红酒混合均匀，密封好隔夜使用。

2 将原料中除黄油外的所有材料混合，揉到没有干粉存在后（图1），移到案板上。先揉搓1分钟左右，让所有材料混合均匀，然后反复摔打，直至面团有

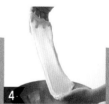

一定的弹性、能拉扯出厚膜儿（图2），这时加入黄油（图3），待黄油完全消失、混入面团后，反复摔打面团，让面团到达完全扩展状态（图4），最后将准备好的蔓越莓均匀揉进面团（图5）。

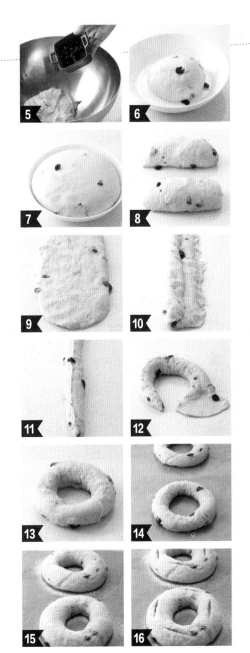

3 将面团滚圆，放在一个大的容器中，进行第一次发酵（图6）。待面团膨胀到原体积的2倍大时，停止发酵（图7），用手指蘸干粉在面团表面戳洞，如果面团不回缩或微微回缩，也没有塌陷，就说明面团发好了。将发好的面团移到案板上，轻拍排气，平均分成两份，分别折叠成长的棍形（图8），用保鲜袋盖好松弛20分钟。

4 把松弛好的面团拍扁，光滑面朝下（图9），卷成长45厘米的长条形（图10、图11），一端搓尖一端擀开成扇形，首尾相对成环状（图12、图13）。捏紧封口处，摆在耐烤油布上，进行最后发酵（图14）。

5 提前以200℃预热烤箱，烤盘一同预热。当面团膨胀到原来的2倍大时，停止发酵，在面团的表面撒一薄层干粉，划出4个深1厘米的割口（图15、图16），将面团和油布一同滑入预热好的烤盘中，快速在烤箱两端内壁上喷几次水雾，立即关上烤箱门，烤约15分钟。

●蔓越莓干如果是全干的，要用开水泡10秒钟后再泡红酒，如果是半干的，可以直接泡红酒。

●为了让面包更松软，面团要有足够的延展性，延展性好，面团会软一些，所以在第一次滚圆发酵时稍稍收紧一些。最后整形时，也卷的紧一点。

●割刀口时要避开接口处。

●红酒中的酒精会在高温烘烤时挥发掉，不用担心面包中有酒精。

红色皇冠

原料

高筋面粉	250克
砂糖	30克
盐	3克
干酵母	30克
奶粉	5克
红曲粉	6克
全蛋	15克
水	165克
黄油	25克

辅料

奇亚籽·············15克

馅料

蔓越莓干	适量
红酒	适量
耐烤巧克力豆	适量

做法

1 将黄油放到室温化软备用。蔓越莓干用自身重量1/10的红酒浸泡一夜备用。

2 将原料中除黄油外的所有材料混合（图1），揉搓到没有干粉存在后（图2），移到案板上，先揉搓1分钟左右，让材料混合均匀，然后摔打至面团有一定的弹性、能拉扯出厚膜儿（图3），加入黄油（图4），将黄油和面团一起慢慢揉搓，待黄油逐渐混入面团，完全消失后，反复摔打面团，让面团到达完全扩展状态，加入奇亚籽，均匀揉进面团（图5、图6）。

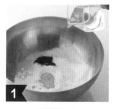 

 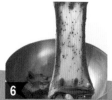

3 将把揉好的面团滚圆后，放到一个大容器中，进行第一次发酵（图7）。当面团膨胀到2～2.5倍时停止发酵，用手指蘸干粉在面团表面戳洞，如果面团不回缩或微微回缩，也没有塌陷，就说明面团发好了（图8）。

4 将发好的面团平均分成10个小面团，分别揉圆，盖好松弛10分钟（图9）。

5 把松弛好的面团压扁，包入适量蔓越莓干和巧克力豆（图10～图12）捏紧封口处（图13），摆成两个五角形，密封后进行最后醒发（图14）。

6 当面团发到原来的2倍大时停止发酵，五个面团会粘到一起，形成一个环形（图15）。提前以200℃预热烤箱，烤盘放中下层一同预热。面团表面撒一薄层干粉，在每个小面团上划两刀（图16），滑入烤盘中，在烤箱内喷几次水雾，烤13分钟左右。

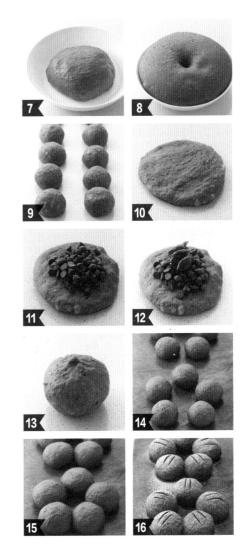

"超级°啰嗦"

●买红曲粉要看清标识，选红曲粉，不要选红曲粉色素。

●如果没有奇亚籽，可以用熟黑芝麻代替。

●包馅时，一定要把粗糙面包在里边，光滑面在外。

●整好形的面包摆成五角形，每个面团之间都要距离相同，两个大五角形之间要有间隔。

●面团在最后发酵时，发到原来的2倍大就可以了，不要发的过大。

●喷水雾时不要喷到面包和加热管上。

红薯面包

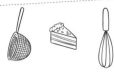

原料

高筋面粉	160克
全麦粉	30克
糖	30克
盐	2克
干酵母	3克
老面	40克
水	125克
黄油	20克
红薯馅	140克

馅料

烤红薯泥	120克
蜂蜜	20克

装饰

全蛋液	适量
黑芝麻	适量

做法

1 烤红薯泥加蜂蜜搅拌均匀成馅。

2 将原料中除黄油外的所有材料一同混合（图1），用2档搅拌成没有干粉存在的基本面团（图2），停机清理一下缠在面钩上的面，调到4档或中高速继续揉面，过程中要经常停机检查面团状态，当面团有一定弹性，能拉扯出较厚的膜儿时（图3），加入黄油（图4）。

3 用2档或慢档继续搅拌，待黄油慢慢消失后，调到4档或中高档继续揉面，直到完全扩展状态（图5）。

4 将面团滚圆，放在大容器中，密封好进行第一次发酵（图6）。当面团膨胀到原来的2～2.5倍大时，用手指蘸干粉在面团表面戳洞，如果面团不回缩或微微回缩，也没有塌陷，就说明面团发好了（图7）。

5 面团移到案台上，用手掌轻拍排气（图8），平均分成两份，分别搓成50厘米长的条形面团（图9），密封好松弛15分钟。

6 将松弛好的面团擀开排气（图10），在中间加70克红薯馅，卷起包好，搓成约60厘米长的长棍形，封口处捏紧（图11～图13）按照图14～图17的步骤，辫成一股辫。

7 整形完成的面团，放到耐烤油布上，密封好，开始最后的醒发。

8 面团发到原来的2倍大时即可（图18），在面包表面刷全蛋液，撒黑芝麻作为装饰。

9 提前以210℃预热烤箱，烤盘放在中下层一同预热。将装饰好的面包和耐烤油布放在一个网架上，滑到热烤盘上，迅速关上烤箱门，烤15～18分钟。

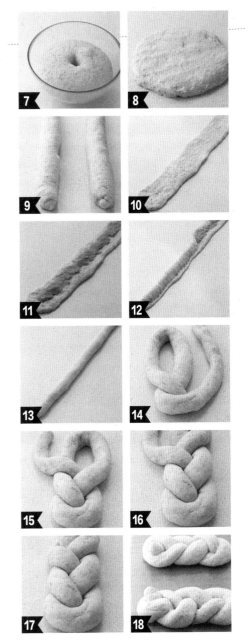

●快速烤红薯的方法：选个小点儿的红薯，用打湿的厨房纸巾包好，放在微波炉里，用高火正反两面各加热3分钟即可。如果红薯还有一些硬，可以再烤一次。

●不同的高筋面粉和全麦粉，吸水性不同，所以在揉面时要保留一部分液体，根据面团的情况适度增减。

●在整形时，如果粘手或粘桌面，可以撒一点点干粉，但不要过多，干粉过多会影响整形。

●在烘烤时，前10分钟要观察颜色变化，当颜色好看的时候，就在面包上盖锡纸，防止过度上色。

红枣面包

做法

红枣馅做法

大红枣洗净，开水浸泡12小时，次日将大红枣去核，用打碎机打成细颗粒，过程中要加入少量热水来帮助搅打和增加水分，还可以根据自己的口味加入适量红糖。

面包做法

1 提前准备好红枣馅，核桃仁用150℃烤熟烤香备用。

2 将除黄油、核桃仁外的材料一次性混合，低速揉成一个基本面团（图1、图2），调到中速继续揉面。当面团变的光滑，有一定弹性，能拉出一个厚膜的时候（图3），加入黄油（图4），用慢速将黄油揉进面团，等黄油完全被吸收后，调到中高速，直至

完全扩展状态（图5），加入核桃仁揉匀（图6）。

3 将面团滚圆，放在一个大容器中，盖好进行第一次发酵（图7），当面团膨胀到原体积的2～2.5倍大时，手指蘸干粉在面团表面戳洞，面团不回缩不塌陷，这个状态就是发酵完成（图8）。

4 面团移到案板上，用手掌轻拍排气（图9），平均分成两份，折叠成长条形的面团（图10），盖好松弛15～20分钟。

5 将松弛好的面团擀开，翻面，在面饼2/3部分抹上红枣馅（图11、图12），从上向下卷起，在卷到最后时，轻轻加力，收紧面团（图13、图14）。

6 整形完成的面包，放到耐烤油布上，盖好进行最后发酵。

7 当面团膨胀到原体积的2倍大就可以了，在面包表面轻撒薄粉，用刀片割包（图15、图16）。

8 提前以200℃预热烤箱，烤盘放在中下层一同预热。装饰好的面包连同耐烤油布一同滑到热烤盘上，迅速关上烤箱门，烤15分钟左右。

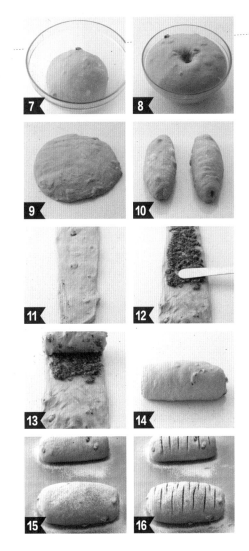

"超级啰嗦"

●核桃仁要用低温烘烤，150℃就可以了，11～13分钟，观察核桃仁表面有油慢慢渗出来就可以了，不要烤的太过，会有苦味。

●红枣馅不用太细，这样面包吃起来会有红枣的颗粒，口感很好。

●制作红枣馅时，建议先把红糖放在水里溶解一下，因为红糖会有很多硬的小颗粒，不容易化。

●揉面过程中，要随时停机检查面团状态，不要过度揉面。

●包馅前，擀好的面饼下端略比上部宽一点。

●面包进烤箱后，可以向烤箱内喷几次水雾，注意不要喷在加热管和面包上。

家庭法棍

原料

液种

高筋面粉	70克
水	70克
干酵母	1克

主面团

高筋面粉	105克
低筋面粉	70克
蜂蜜	7克
盐	5克
水	102克
干酵母	1克

做法

1 提前一天准备液种，将高筋面粉与干酵母混合均匀，倒入常温的水，搅拌均匀（图1），用保鲜膜把容器口封住，在室温下发酵30分钟到1小时，当液种开始膨胀时（图2），移到冷藏室，隔夜使用。

2 次日，将全部液种和主面团中的所有材料混合，揉搓成基本面团（图3），用保鲜膜盖好静置20分钟。

3 静置好的面团继续揉搓摔打，揉至扩展状态（图4），不折叠，平摊发酵2小时（图5），翻面对折两次，再发酵1小时（图6～图8）。

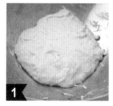 

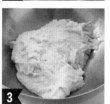 

4 发好的面团移到操作台，平均分成2份，分别揉成筒形（图9），密封好，静置20～30分钟。

5 将静置好的面团轻轻排气（图10），两边向中间折叠，再对折（图11～图13），将封口处压紧，封口线向下，均匀摆在耐烤油布上（图14），密封好，常温发酵到2倍大即可（图15）。

6 提前以210℃预热烤箱，烤盘放中下层一同预热。用刀片在面包的表面中间部分划出3个深1厘米的刀口（图16），用细毛刷在刀口内侧轻轻刷上薄薄一层色拉油。

7 将面包和耐烤油布一同滑入预热好的烤盘，放在烤箱的中下层，快速在烤箱内喷几次水雾，关掉烤箱电源5分钟，再打开烤箱电源烤20分钟左右。

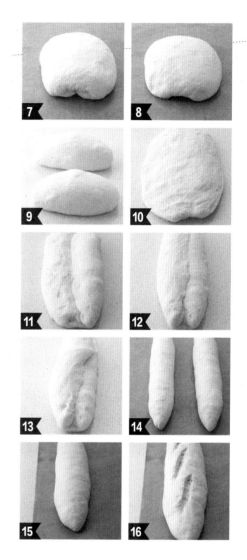

"超级°嘮嗦"

● 制作液种的时候，不要在很热的环境下发酵，室温26～28℃就好。

● 尽量用大一些的容器来盛装液种。

● 高筋面粉的吸水性不同，在加水的时候要根据实际情况来增减水的用量。

● 法棍的面团比较黏手，操作时可以在手上粘少量干粉。

● 整形好的法棍要在自然松弛的状态下摆在油布上，摆的时候不要拉扯面团，让面团内部张力相同。

● 第一次发酵时：室温在26℃左右时发酵2小时再折叠，室温在30℃左右时发酵1.5小时再折叠。

● 在划刀口的时候，力度柔和而迅速，切口的角度、长度、间距都要一致。

● 如果喜欢更专业的效果，可以购买烘焙石板来代替烤盘，效果更佳。

咖啡面包

原料

高筋面粉············220克
砂糖··················35克
盐······················3克
干酵母················3克
奶粉··················10克
咖啡粉················7克
水····················150克
黄油··················7克

辅料
耐烤巧克力豆·······40克

做法

1 咖啡粉提前用配方中的少许水泡开备用，黄油化软备用。

2 将原料中除黄油外的所有材料一同混合成无干粉存在的面团，用保鲜膜盖好，静置30分钟（图1、图2），将面团移到案板上，反复摔打1～2分钟，至可以拉出一个厚膜的时候（图3），加入黄油（图4），反复揉搓，将黄油揉入面团，继续摔打至完全扩展状态（图5），加入巧克力豆揉匀（图6）。

3 面团滚圆，放到一个大容器中，密封好进行第一次发酵（图7），当面团膨胀到原来体积的2～2.5倍大时停止发酵，用手指蘸干粉戳面团，如果面团不回缩不塌陷，就说明发酵完成了（图8）。

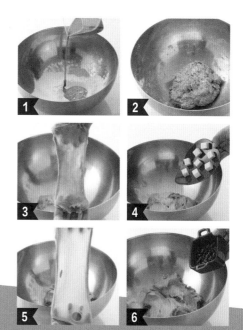

4 面团移到案板上，轻拍排气，平均分成两份，分别滚圆静置（图9）。

5 松弛好的面团轻拍排气，拍成椭圆形（图10），翻面后光滑面朝下，从上向下卷成橄榄形，压紧封口线（图11～图13），平均摆在耐烤油布上，放在密封的环境中，进行最后发酵。当面团膨胀到2倍大时，停止发酵（图14）。

6 提前以200℃预热烤箱，烤盘放中下层一同预热。在面团表面撒上一薄层干粉后，割3刀（图15、图16）。打开烤箱门，把面包和耐烤油布同时滑进烤盘中，快速在烤箱内部喷几次水雾，立刻关上烤箱门，烤15～18分钟。

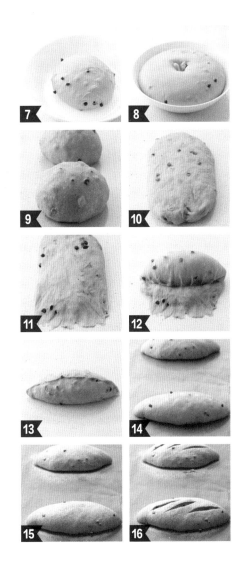

"超级° ﹐啰嗦"

●配方中的咖啡粉指的是纯咖啡粉，如果没有，也可以用家里的速溶3合1咖啡粉，用量为14克。冲泡咖啡的水可以用热水，但冲好后要放凉才可以使用。

●卷橄榄形时，手上用力要均匀，卷的略紧些，最后压紧封口线。

●含有巧克力豆的面团，最好不要放在湿热的环境中发酵，巧克力豆会融化，会让面包制作失败。

●向烤箱内喷水雾时，不要喷到发热管和面包上，可以喷在烤箱两端内壁上。

裸麦蔓越莓

原料

高筋面粉	115克
低筋面粉	20克
裸麦粉	15克
盐	3克
干酵母	2克
老面	30克（做法见P46）
蜂蜜	15克
水	100克

辅料

蔓越莓干	3克
红酒	3克

做法

1 蔓越莓干提前一天用红酒浸泡一夜备用。

2 将原料中所有材料一同混合（图1），用2档将所有材料混合均匀，接着提高到4档，直到完全扩展的状态（图2），最后加入蔓越莓揉均匀（图3）。如果是手工揉面，在把所有材料揉成一个基本面团后，可以在案台上反复摔打面团，直到完全扩展状态，再加入蔓越莓。

3 将面团滚圆，放置在温暖的环境中，密封好进行第一次发酵（图4）。随时观察面团的变化，当面团膨胀到原来的2倍大时，用手指蘸干粉戳面团，会

留下一个小洞，如果小洞不回缩或微微回缩，但面团不塌陷，就说明面团发好了（图5）。

4 发好的面团轻轻排气后，再次滚圆，并静置20~25分钟（图6、图7）。

5 将静置好的面团底部对折捏紧，轻拍成椭圆形，尽量保留气体，翻面后从上向下卷起，压紧封口，搓成橄榄形（图8~图12），封口线向下摆在耐烤油布上，用保鲜膜盖好（图13），进行最后发酵，当面团膨胀至原体积的2倍大就可以了。

6 烤箱提前15分钟以210℃预热，烤盘同时放在烤箱中下层预热。在发好的面团表面撒一薄层干粉，用锋利的刀片在面包的侧面快速割出一条刀口，深5毫米（图14）。将面包与油布一起滑入烤盘，快速向烤箱两端内壁喷水雾并关上烤箱门。关闭烤箱电源，8分钟后打开电源，继续烤15分钟左右，根据面包颜色变化来调整时间。

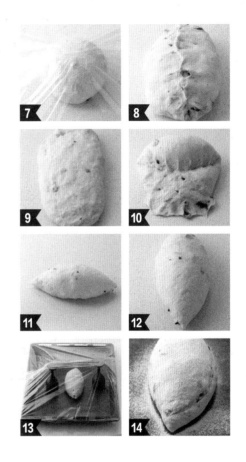

●完全扩展的面团，在拉扯的时候不但很有弹性，同时也极具延展性。

●面团醒发的时候，不要放在超过60℃的环境中，高温不利于面团发酵，在35℃左右的环境中就可以，同时保持湿润。

●排气的时候，不要用力揉搓或猛砸面团，轻拍排气即可。

●面团静置时，一定要密封好，保持面团湿润，以免干皮，如果轻微干皮可以用喷壶喷水雾来补救。

●划刀的时候，刀口要从一端划到另一端，要一刀割完，尽量不要补刀。

●在向烤箱内喷水雾时，不要喷到加热管和面团上。

●关闭电源的这8分钟很关键，漂亮的开口就在这个时间形成。当然要想开口漂亮，面团本身的延展性也要好。

●这款面包类似纯欧包，表面的颜色要糊一些，麦香会更诱人。

奶酥葡萄面包

原料

高筋面粉	230克		
砂糖	27克		
盐	5克		
干酵母	3克		
奶粉	5克		
全蛋	50克		
水	100克	糖粉	20克
黄油	25克	全蛋液	30克
辅料		黄油	38克
葡萄干	40克	**酥粒**	
朗姆酒	4克	低筋面粉	25克
奶酥		糖粉	25克
奶粉	50克	液态黄油	15克

做法

奶酥做法

黄油化软备用。奶粉和糖粉混合后加黄油，搅拌均匀，慢慢加入蛋液，直到蛋液完全混入。

酥粒做法

将低筋面粉与糖粉混合均匀，加入融化的黄油，不停搅拌，直到黄油完全被吸收，所有材料形成颗粒感，冷藏备用。

葡萄干

葡萄干洗净，用开水泡10秒，沥干水后加朗姆酒拌匀，密封隔夜待用。

面包做法

1 黄油提前在室温化软。

2 将原料中除黄油外的所有材料一同混合搅拌成无干粉存在的基本面团（图1、图2），将团移到案板上反复摔打，当面团有一定弹性并可以拉出较厚的膜时（图3），加入黄油（图4），反复揉搓面团直到黄油完全消失，继续摔打面团，直至完全扩展状态（图5），加入泡好的葡萄干，揉均匀（图6）。

3 面团滚圆，放到一个大容器里，进行第一次醒发（图7）。当面团发到2~2.5倍大，用手指蘸干粉在面团表面戳洞，如果面团不回缩或微微回缩，也没有塌陷，就说明面团发好了（图8）。

4 将发好的面团用手掌轻拍排气，平均分成2份，分别揉成长条形，松弛10分钟（图9）。

5 将松弛好的面团用手掌轻拍，排掉大部分气体（图10），翻面后在面团上摆上乳酪丁（图11），包好后捏紧封口线（图12），轻轻搓到55厘米长（图13），编成8字形（图14），摆在耐烤油布上，密封好进行最后的醒发。当面团发到原来的2倍大时停止发酵。

6 提前以200℃预热烤箱，烤盘放中下层一同预热。在发好的面团上均匀的挤上奶酥馅，撒上酥粒（图15、图16）。面包和耐烤油布一同滑进烤盘，快速在烤箱两侧内壁喷几次水雾，马上关好烤箱门，烤13~16分钟。

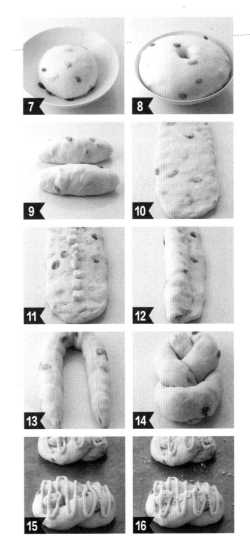

"超级°嘮嗦"

● 揉好的面团有很好的延展性时，第一次醒发时，膨胀的体积可能超过2倍大，那是因为面团的延展性足够好时，面团向外膨胀基本没有什么压力，膨胀速度快。要注意观察面团变化，注意不要让面团发过、发酸。

● 在整形前，面团要充分松弛，否则搓长后会回缩或断筋。

● 在编织整形时要编的松一些，给面团膨胀留出空间，这样发好的面包才会饱满美观，如果太紧，发好的面包会扭曲变形或断掉。

● 在向烤箱内喷水时，要喷很细的水雾，不要喷在加热管上，冷水会对加热管造成损伤。

巧克力贝果

原料

高筋面粉	175克
低筋面粉	75克
可可粉	20克
砂糖	20克
盐	5克
干酵母	4克
蛋液	15克
水	145克
黄油	10克

辅料

耐烤巧克力豆……… 30克

做法

1 黄油提前化软备用。

2 将原料中所有材料一次混合，搅拌到没有明显干粉，密封，静置5~10分钟（图1、图2）。

3 以2档慢慢搅拌，直到八分扩展，不需要完全扩展（图3）。如果是手揉面团，可以将静置好的面团放在案板上反复摔打，直到八分扩展状态，再将巧克力豆慢慢揉进面团（图4）。

4 面团滚圆，放在大一些的容器里（图5），密封好进行第一次发酵，当面团膨胀到原体积的2倍大时，用手指在面团表面戳洞，小洞没有回缩就说明面团发好了（图6）。

5 将发酵好的面团轻推排气（图7），平均分成四份，分别揉圆，密封好松弛30分钟（图8）。

6 将面团擀成椭圆形（图9），翻面，光滑面向下，从上向下卷成均匀的长条形，一端略尖，另一端擀开成扇形（图10、图11），头尾相接成一个环形，捏紧封口处摆在烤盘内，密封好进行始最后发酵（图12～图14）。

7 当面团膨胀到2～2.5倍大时就可以了。2000克水加200克的砂糖烧开，改小火，保持水开但不翻大花。将发好的面团用铲子轻轻托起，放入开水中，正反面各煮30秒，捞出后稍稍沥一下水，放在烤盘中即可（图15、图16）。

8 提前15分钟以200℃预热烤箱，将面包放在中下层，烤18～20分钟，随时观察颜色变化，不要烤糊。

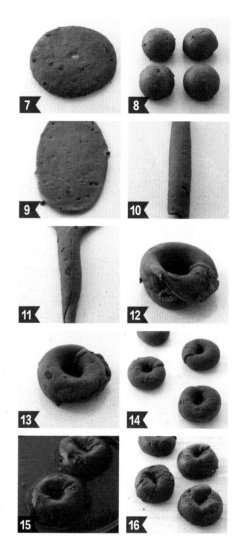

"超级° ,啰嗦"

●配方中的水含量比较少，揉面会比较慢，在揉成基本面团后静置一会儿，最好可以放入冰箱内静置，不要让面团温度过高，25℃上下最佳。

●面团含水量不多，所以揉面时面团表面可能会发干，如果有这种情况，可以喷点水雾湿润一下面团。

●第一次发酵时，时间会有些长，需要耐心等待，不要急于进行下一步。

●在整形前要让面团足够松弛，这样整形时会容易的多。

●面团静置不操作时，一定要盖好，不要让水分流失，如果有微微干皮的现象可以用喷水雾的方法解决，但干的厉害的话，这个面团就不能用了。

青稞面包

原料

液种

全麦粉	75克
青稞粉	75克
水	200克
干酵母	2克

主面团

高筋面粉	150克
蜂蜜	20克
盐	3克
干酵母	1克
橄榄油	25克

做法

1 液种中的所有材料一同混合，搅拌均匀后密封，先在室温发酵30分钟，然后放在冷藏室隔夜待用（图1、图2）。

2 次日，将液种放在室温回温30分钟，将全部液种和主面团中所有材料一同混合（图3、图4），搅拌均匀后移到案台上揉搓并反复摔打至光滑状态。如果使用厨师机，混合阶段用慢速，然后用中速，揉到面团完全与搅拌桶脱离就可以了。

3 将面团滚圆，放置在大容器内，盖好进行第一次发酵（图5），当面团发到原来的2.5～3倍大的时候停止发酵（图6）。把面团移到案板上，轻拍排气（图7），折叠成一个短的棍形面团，压紧封口处（图8～图10），放在撒过干粉的面包发酵篮中，封口线朝上，用密封袋罩住，进行最后发酵（图11）。

4 当面团膨胀到满篮时就可以了（图12），提前以220℃预热烤箱，烤盘一同预热。把面团倒扣在油布上，在中间划一个1厘米深的刀口（图13），最后把面团滑入预热好的烤盘中，向烤箱内部喷几次水雾，快速关好烤箱门，烤25分钟左右就可以了。

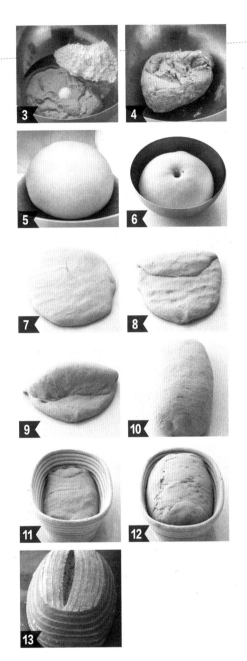

● 由于面团的筋性小，所以第一次发酵的时候，面团会膨胀的很快，注意观察面团的变化。

● 排气的时候，手上的动作一定要轻，四指并拢，轻轻拍几下面团就可以，不要过于用力锤打或揉搓面团。

● 整形时不要用大力折叠，用力过大会拉断面筋组织。

● 由于面团比较湿，要在发酵篮中撒一些干粉，发好后要轻轻倒扣在耐烤油布上，然后慢慢让面团与发酵篮脱离，不要弄破面包。

乳酪贝果

原料

高筋面粉	175克
低筋面粉	75克
砂糖	20克
盐	5克
干酵母	4克
鸡蛋	15克
水	120克
黄油	10克

辅料

芝士片	4片
砂糖	适量

做法

1 黄油化软备用。

2 将原料中所有材料一同混合，用慢速混合成无干粉存在的基本面团（图1、图2），保持慢速搅拌，直到有一定的弹性（图3），揉成表面光滑的面团。

3 面团滚圆，放在大的容器里（图4），密封好进行第一次发酵，当面团膨胀到原体积的2倍太时停止发酵，用手指蘸干粉在面团表面戳洞，如果面团不回缩或微微回缩，也没有塌陷，就说明面团发好了（图5）。

4 将面团轻拍排气（图6），平均分成4份，分别揉圆，密封好松弛30分钟（图7）。

5 松弛好的面团擀成椭圆形（图8），翻面后光滑面向下，摆上芝士片，撒上少许砂糖，从上向下卷起成均匀的长条形（图9、图10），一端搓尖，另一端擀成扇形，头尾对接成环形，摆在烤盘内，密封好进行最后的发酵（图11~图14）。

6 面团膨胀到原体积的2倍大时停止发酵。2000克水加200克砂糖烧开后改小火，保持水开但不翻大花，将发好的面团轻轻托起，放入开水中，反正面各煮30秒（图15）。捞出后稍稍沥一下水，放在烤盘中（图16）。

7 提前以200℃预热烤箱，将面包放在中下层，烤18~20分钟，随时观察颜色变化，不要烤糊。

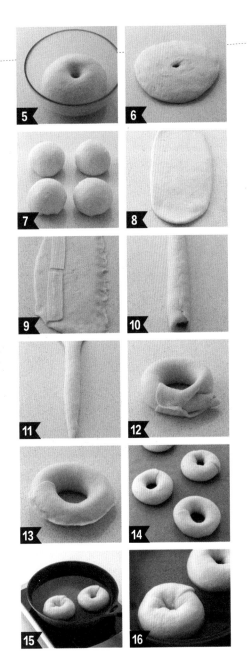

● 配方中的水含量相对较少，揉面相对较慢，在揉成一个基本面团后，可以放入冰箱里松弛一会，再继续揉面。

● 第一次发酵时，时间会有些长，不要着急，慢慢发酵的面包才好吃。

● 面团一定要松弛充分，不然很难整形。

● 整形后的面包，封口线要捏紧并压在下边。

瑞士巧克力面包

原料

高筋面粉	225克
黑可可粉	8克
可可粉	5克
砂糖	40克
盐	3克
干酵母	4克
蛋	15克
水	150克
黄油	25克

辅料

耐烤巧克力豆	30克
核桃仁	30克

做法

1 黄油提前化软备用，核桃仁用150℃烤熟（约烤10分钟），晾凉备用。

2 将除黄油外的所有原料一同混合，揉成没有明显干粉材料存在的基本面团（图1、图2），移到案板上反复摔打，直到面团变的光滑有弹性，可以拉出较厚的膜儿（图3），加入黄油（图4），将黄油慢慢揉进面团，继续摔打面团，直到完全扩展状态（图5），加入耐高温巧克力豆、核桃仁，揉均匀（图6、图7）。

3 将面团滚圆后放在大容器中，密封好放在室温进行第一次发酵（图8），当面团膨胀到原体积的2倍大时停止发酵，用手指蘸干面粉戳洞，如果洞不回弹或微微回弹，就说明面团发好了（图9）；如果面团塌陷说明面团发过了。

4 发好的面团用手掌轻拍排气，平均分成两个面团，分别揉圆松弛20分钟（图10）。

5 松弛好的面团再次排气，滚圆并捏紧封口处，封口线向下摆在耐烤油布上（图11），密封好，放在室温发酵，当面团膨胀到原来的2倍大就好了（图12）。

6 提前以210℃预热烤箱。在面团表面撒一薄层干粉，用刀片划"井"字切口，约0.5厘米深（图13、图14）。面包进入烤箱后，烤箱温度降到200℃，烤15～18分钟。

7 面包出烤箱后移到网架上晾凉就可以食用了。

"超级° 啰嗦"

●原料中的可可粉和黑可可粉都是可可豆中提取出来的，可放心使用，如果家里没有黑可可粉，可用可可粉代替。

●面团中混入耐烤巧克力豆时，不能在湿度高的环境中发酵，醒发温度不要超过35℃，不然巧克力豆会融化。

●延展性是指面团在很有弹性的基础上，很容易被拉开，向内的拉力不大。

三明治棍子面包

原料

高筋面粉············ 250克

干酵母················ 3克

水······················ 175克

糖······················ 15克

黄油·················· 10克

盐······················ 4克

做法

1 黄油提前在室温化软。

2 将除黄油外的所有材料一起混合，搅拌成无干粉存在的基本面团（图1、图2），密封好松弛20～30分钟，移到案板上反复摔打，直到面团变得光滑有弹性，可以拉出较厚的膜儿（图3），加入黄油（图4），将黄油慢慢揉进面团，继续摔打至完全扩展状态（图5）。

3 将面团滚圆，放在大容器中（图6），密封发酵，面团膨胀到原体积的2～3倍大，用手指蘸干粉戳面团来检查面团有没有发好（图7）。

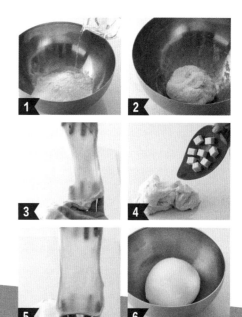

4 将发好的面团平均分成两份，对折2次，把粗糙面包在里边，整成长条形（图8），密封好松弛20~30分钟。

5 将松弛好的面团用手掌轻轻拍扁，翻面，光滑面朝下，从上向下卷起，捏紧封口线成棍形（图9~图12），用双手轻轻搓几次面团，微调一下面包的形状，封口线向下，摆在耐烤油布上（图13）。密封好进行最后发酵，膨胀到原体积的2倍大就可以了（图14）。

6 提前以200℃预热烤箱，把烤盘也放在烤箱中下层一同预热。快速在面团上划出3个刀口，并在刀口内侧刷上一薄层色拉油（图15、图16）。

7 将面团与油布一同滑入烤盘，快速在烤箱两侧内壁喷几次水雾，关上烤箱门，把温度调到180℃烤15分钟，再把温度调回200℃，烤10分钟左右。

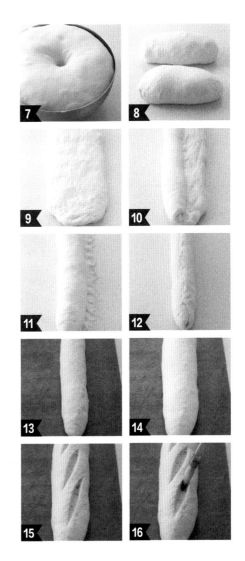

"超级° 啰嗦"

● 选用高筋面粉做棍子面包，揉好的面团一定要有很好的延展性。

● 整形时轻轻拍掉2/3的空气就好，不要用力猛砸面团。

● 封口线一定要在一条直线上，尽量直。

● 最后发酵时，千万不要发的太大，2倍大刚刚好。

● 向烤箱里喷水雾时，不要喷到面包和上下加热管上。

● 最后的200℃烤10分钟，只是个参考时间，要根据实际情况来增减。

三色面包（紫薯）

原料

高筋面粉…………210克

砂糖…………………16克

盐……………………4克

干酵母………………4克

水…………………150克

黄油…………………20克

粗粮

紫薯粉………………13克

全麦粉………………13克

辅料

奥利奥饼干碎………适量

做法

1 黄油放在室温化软。

2 将除黄油外的所有原料混合，搅拌成无干粉存在的基本面团（图1），移到案板上，反复摔打至面团有弹性，可以拉出一个较厚的膜（图2），接着将面团分成2等份（图3），分别加入全麦粉和紫薯粉，揉匀后分别加入黄油，反复将黄油完全揉入面

团，继续摔打面团，直到两个面团达到完全扩展状态（图4、图5）。

3 将面团滚圆，分别放在大的容器中，密封后进行第一次发酵（图6），当面团膨胀到原体积的2~2.5倍大时停止发酵（图7）。面团移到案板上，轻拍排气，两个面团分别平分成2个面团，都揉成长条形，盖好松弛（图8）。

4 松弛好的面团擀开，光滑面朝下，紫薯面团叠加在全麦面团上，轻轻拍实，撒上一些奥利奥饼干碎，从上向下卷起（图9~图12），捏紧封口处（图13），摆在烤盘中，密封好进行最后发酵（图14）。

5 提前以200℃预热烤箱。当面包膨胀到原体积的2倍大时停止发酵，在面包表面撒一薄层干粉，并割开3条刀口（图15、图16），将装饰好的面包放在烤箱中下层，快速在烤箱两侧内壁喷几次水雾，快速关上烤箱门。烤约15分钟就可以出炉啦。

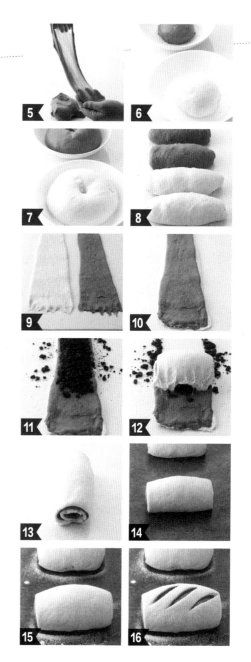

"**超级**
唠嗑"

●如果没有紫薯粉也可以用紫薯泥来代替。

●擀面团的时候，两个颜色的面团擀得基本一样大，紫薯的可以稍稍小一点。

●整形时，下端留出1/3部分不要撒奥利奥饼干碎，在有饼干碎的部分正常卷起，不用使太大的力，下端没有饼干碎的部分可以加力收紧。

巧克力生姜面包

原料

高筋面粉	180克
低筋面粉	20克
姜黄粉	2克
老面	40克
红糖	40克
盐	3克
干酵母	2克
生姜汁（鲜姜挤汁）	10克
水	120克
黄油	20克

辅料

巧克力豆 20克

做法

1 黄油提前放室温软化。

2 将除黄油外的所有原料一同混合，放入厨师机中，揉成没有明显干粉存在的基本面团（图1、图2）加快揉面的速度，当面团表面变的光滑，有一定筋性，能拉出较厚膜时（图3），加入黄油（图4）。

3 反复将黄油揉进面团，当黄油完全被吸收后，加快揉面速度，直到完全扩展状态（图5），加入巧克力豆揉匀（图6）。

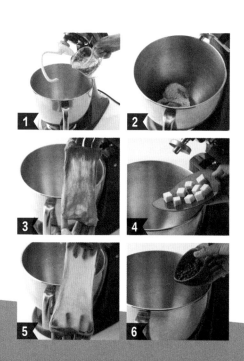

4 面团滚圆，放在大容器中，密封好开始第一次发酵（图7），当面团膨胀到原体积的2倍大时，用手指在面团表面戳洞，洞既不回缩也不塌陷，就说明发好了（图8）。

5 面团移到案板上，轻拍排气（图9），平均分成两块，揉圆并密封松弛15～20分钟（图10）。

6 松弛好的面团擀开四个角，翻面，四个角两两对折并捏紧，成正方形（图11、图12）。

7 将整形完成的面包放到耐烤油布上，密封好，开始最后的发酵（图13）。

8 待面团膨胀到原体积的2倍大时，在面包表面轻撒薄粉，用锋利的刀片划口（图14）。

9 提前以210℃预热烤箱，烤盘同时一起预热。将装饰好的面包和耐烤油布一同滑到热烤盘上，迅速关上烤箱门，烤15～18分钟即可。

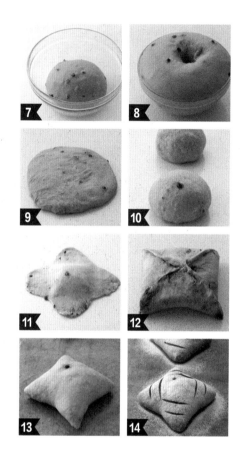

"超级° 啰嗦"

●巧克力豆要选用耐烤的，姜黄粉可以不放。

●发酵时放在室温就可以了，耐烤巧克力豆虽然耐烤，但在湿热的环境下容易融化。

●割刀口要用锋利的刀具，如双刃剃须刀片。

●用老面做的面包，膨胀力更强，味道也更好。所以这个老面，大伙可以像老汤一样经常用用，争取发扬成新的传家宝，老面的做法见P46。

香橙巧克力面包

原料

高筋面粉	225克
黑可可粉	8克
可可粉	5克
砂糖	40克
盐	3克
干酵母	4克
蛋	15克
水	150克
黄油	25克

辅料

耐烤巧克力豆	30克
酒渍橙皮丁	30克
白兰地（朗姆酒）	3克

做法

1 黄油提前化软备用。橙皮丁用3克白兰地或朗姆酒提前泡好，隔夜备用。

2 将除黄油外的所有材料一同混合，揉成没有明显干粉存在的基本面团（图1、图2），移到案台上反复摔打、揉搓，直到面团变的光滑，有一定弹性，可以拉出较厚的膜（图3），加入黄油（图4），用揉搓的方法把黄油慢慢揉进面团，当黄油完全消失，继续摔打面团，直到完全扩展的状态（图5）。

3 将耐烤巧克力豆和橙皮丁一起均匀揉进面团中（图6、图7），面团滚圆，放在大的容器中，密封后进行第一次发酵（图8）。当面团膨胀到原体积的2倍大时，用手指蘸干面粉在面团表面戳洞，如果洞不回弹或微微回弹，面团不塌陷就说明面团发好了（图9）；如果塌陷说明面团发过了。

4 将发好的面团用手掌轻拍排气，平均分割成2个面团，分别滚圆松弛20分钟（图10）。

5 松弛好的面团再次排气（图11），翻面，把粗糙面向上，折叠成三角形，捏紧封口处，类似糖三角的形状（图12）。封口线向下摆在耐高温油布上（图13），密封发酵至原体积的2～2.5倍大就可以了（图14）。

6 提前以210℃预热烤箱。在面团表面撒一薄层干粉（图15），用刀片划"树叶"形刀口，约0.5厘米深（图16）。面包放烤箱中下层，烤15～18分钟。

7 出炉后移到网架上晾凉就可以食用了。

●橙皮丁的泡法：橙皮丁一般都是半干的，先用开水冲泡10秒，立刻沥干，倒入白兰地酒，搅拌均匀，让每颗橙皮都沾到酒，放在室温下，密封隔夜就可以啦。

●黑可可粉是可可豆经过不同的工艺加工变成黑色的，成分与可可粉是一样的。

●面团发酵温度不要超过35℃，不要放在很湿的环境中，因为巧克力豆虽然耐烤，但不耐湿热。

●整形前再次排气的时候，将面团拍成四边薄中间厚的面饼，这样包出的三角形才挺实饱满。

●面包在最后发酵时，最大醒到原体积的2.5倍大就可以了，发的过大可能会出现塌陷、水分过度损失、发酸等现象。

洋葱火腿面包

做法

1 提前准备好馅料中的所有材料，拌匀备用。

2 将除洋葱碎外的所有原料一同混合（图1），搅拌成没有干粉存在的面团（图2），反复揉搓几次，让液体与其他材料充分融合，再反复摔打至完全扩

展状态（图3），加入洋葱碎揉匀（图4），将揉好的面团滚圆，放在大容器中，密封好进行第一次发酵（图5）。

3 当面团膨胀到原体积的2～2.5倍大时，用手指蘸干粉在面团表面戳洞，如果面团不回缩或微微回缩，也没有塌陷，就说明面团发好了（图6）。

4 将发好的面团转移到案台上，用手掌轻拍给面团排气，然后平均分成两份，分别滚圆并松弛15～20分钟（图7）。

5 在松弛好的面团上轻撒薄粉，擀成四边形（图8、图9），翻面后光滑面朝下，取适量馅料放在面团中间（图10），对角连接，包成四角形，捏紧封口（图11），均匀摆在耐烤油布上（图12），密封好进行最后的发酵。

6 当面团膨胀到原来的2倍大时，停止发酵，面团表面刷全蛋液（图13），撒上少许马苏里拉芝士碎和帕玛森芝士粉（图14）。

7 提前以200℃预热烤箱，烤盘放中下层一同预热。把装饰好的面团和耐烤油布一起滑进烤盘，迅速在烤箱两侧内壁喷上水雾，快速关上烤箱门，烤15～18分钟。

"超级"
"啰嗦"

●配方中若用到少量液体油，可以与水一同混合揉面。

●摔打面团至完全扩展状态所需的时间，跟摔打的力度、速度和面团大小有关。

●面团在揉面开始阶段是比较黏手的，手上可以适当沾一点橄榄油，当面团有一定筋性的时候，就不怎么黏手了。

●馅料的口味根据自己的喜好来调配，不用完全按配方调配。

●烤盘放在烤箱的中下层。

●喷水雾时不要喷在加热管和面包上，水尽量用热水。

●烘烤时间与烤箱容积大小、火力大小、面包量多少有关，要根据实际情况调整。

可颂面包、丹麦面包面团制作及包油方法

原料

可颂面包面团

高筋面粉	200克
低筋面粉	50克
奶粉	10克
砂糖	20克
盐	4克
干酵母	4克
鸡蛋	25克

冰水	110克
老面	50克
包裹用片状黄油	100克

丹麦面包面团

高筋面粉	175克
低筋面粉	75克
奶粉	10克
砂糖	40克

盐	4克
干酵母	4克
鸡蛋	25克
冰水	110克
老面	50克
包裹用片状黄油	100克

做法

1 包裹用黄油切成方形片状，放室温静置（26℃左右）。

2 将面团中所有材料一次性混合，搅拌成无干粉材料的基本面团（图1、图2），移到案台上，反复揉搓至面团湿润光滑，用保鲜膜包好，放在冷藏室静置松弛5～10分钟。

3 松弛好的面团很柔软，继续反复揉搓、摔打至面团完全扩展（图3）。揉圆后用保鲜膜包好（图4），放在冷冻室松弛30分钟。若使用厨师机，就一直保

持中低速直至揉好，中途向揉面桶内适当的喷一些水雾，让面团保持湿润。

4 取出松弛好的面团，擀成片状黄油的2倍大，放上黄油片，压紧封口处（图5、图6）。用擀面杖轻轻压平，让油与面完全贴合。

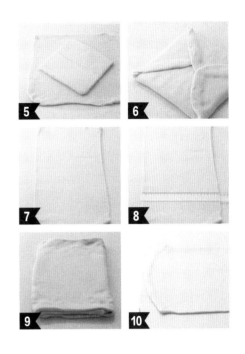

5 用均匀的力量与速度，将包好油的面团擀成宽20厘米、长45厘米的长方形（图7），不要断油，用刀切掉两端不规则部分（图8），将面团三折（图9），用保鲜膜包好，放入冷冻室，松弛10～20分钟。

6 取出面团，再擀成宽20厘米、长45厘米的长方形（图10），不要断油，用刀切掉两端不规则部分，将面团三折，用保鲜膜包好，放入冷冻室，松弛10～20分钟。

7 取出面团，再擀成宽20厘米、长45厘米的长方形，不要断油，用刀切掉两端不规则部分，将面团三折，用保鲜膜包好，放入冷冻室，松弛10分钟。

8 取出松弛好的面团，按提前设计好的面包造型来确定面团擀制的长度、宽度、厚度。用锋利一些的刀具来切割面团。

9 从切面团到整形要一气呵成，速度要快，时间过长，手的温度会让包裹用黄油融化，会让面团表面干裂。

10 整形完成的面包直接放在烤盘中，刷上蛋液，密封好，进行最后醒发，在25℃左右的环境中，约120分钟；在29℃的环境下适当缩短时间。可颂、丹麦面包最后醒发时的温度不要超过30℃。面包发到原来的2~2.5倍大就可以了，整个发酵过程要保持面团的湿润。

11 提前将烤箱预热到180℃，面包表面刷全蛋液和其他装饰。将面包放在中下层，先烤10分钟，再根据实际情况加5分钟左右。出炉后移到网架上晾凉。

●配方中的液体材料尽量为0℃。可以将配方中一半用量的水用冰来替换。

●揉面时要揉到完全扩展的状态，但不要过度，刚刚达到扩展状态就好。

●包裹用黄油，提前擀成合适大小，在室温下静置化软。

●包油时，会产生一些气泡，用牙签扎一下就可以了。

●包油时，面团与案台接触的一面要撒一薄层干粉，这样面团就不会与案台粘在一起，有利面团的延伸，但干粉一定要是很薄的一层，不能太多。干粉太多，在折叠时会让面团不能粘合在一起，多也会加快面团表面干燥。

●擀面杖可以使用大一些的木质擀面杖，最好用走锤。

●擀面团时，一定要用力均匀，速度均匀，不要将黄油压断，让擀出来的面饼薄厚均匀一致。

●每次折叠之后都要放在冷藏室松弛10~20分钟，松弛时一定要密封好，以免干皮。

●制作可颂面包时，不要为了追求层次多而将面皮拉的很长，这样会破坏内部层次。

●切割面皮时，一定要待面团完全松弛再下刀切割，否则切好的面皮会回缩变形。

●在制作可颂和丹麦面包时，尽量选择一个基本密封的空间，室温尽量低一些，湿度不要太低，不要让面团干皮。

●合理使用擀好的面片，提前设计一下，再下刀切割。

●最后醒发好的标准：体积发涨到2~2.5倍大，用指尖轻轻按下表面，会留下一个小坑，不会反弹。

可颂面包

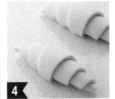
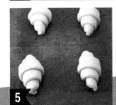

做法

1 取可颂面包面皮，去除两边不规则部分，留下宽20厘米的面皮（图1），将面皮切成宽10厘米、高20厘米的等腰三角形（图2）。

2 在底边切出一个2厘米的切口（图3），从底边向上卷起，用力均匀，卷紧实但不要拉扯面皮，尖角压在底下（图4）。

3 在温度30℃、湿度70%的环境下发酵70分钟以上，若温度低，时间适当拉长（图5）。

4 当面团膨胀到原来的2～2.5倍大的时候，表面刷蛋液（图6），烤箱预热到180℃，烤15分钟左右。

黑樱桃丹麦面包

原料

丹麦面包面皮·······························1片

装饰

全蛋液·····································适量

黑樱桃·····································适量

蜂蜜·······································适量

做法

1 将丹麦面包面皮切成边长10厘米的正方形（图1、图2），对折后，两边各切一刀，打开后将切出来部分对折（图3～图5）。

2 在温度30℃、湿度70%的环境下发酵70～120分钟，若温度偏低，时间适当拉长（图6）。

3 当面团膨胀到原来的2～2.5倍大的时候，在中间空洞处挤上卡士达酱，面包表面刷全蛋液（图7、图8）。

4 放入烤箱，用180℃烤15分钟左右，烤好后在中间摆上黑樱桃，刷上蜂蜜就可以食用啦。

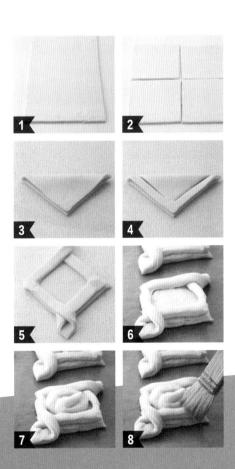

红豆丹麦

原料

丹麦面包面皮	1片
豆沙馅	200克
全蛋液	适量
黑芝麻	适量
沙拉酱	50克

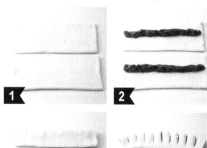

做法

1 将丹麦面包面皮切成宽10厘米、长20厘米的长方形（图1）。

2 面皮中间挤上一条豆沙，横向对折，用锋利的刀均匀切几个刀口（图2～图4），在温度30℃、湿度70%的环境下发酵70～120分钟（图5）。

3 当面团膨胀到原来的2～2.5倍大的时候，面包表面刷全蛋液撒上黑芝麻，挤上两条沙拉酱（图6～图8），放入烤箱，用180℃烤18分钟左右。

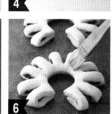

黄桃丹麦面包

原料

丹麦面包面皮	1片
卡士达酱	200克
全蛋液	适量
黄桃罐头	1罐

做法

1 丹麦面包面皮切成边长10厘米的正方形（图1、图2），四角向中间折叠，压紧（图3）。

2 在温度30℃、湿度70%的环境下发酵70～120分钟（图4），若温度偏低时，适当加长发酵时间。

3 当面团膨胀到原来的2～2.5倍大的时候，在中间挤上卡士达酱（图5），面包表面刷全蛋液，中间放黄桃罐头（图6、图7），入烤箱以180℃烤15～18分钟。

三角丹麦

原料

丹麦面包面皮·························· 1片
豆沙馅······························· 200克
全蛋液······························· 适量
黑芝麻······························· 适量

做法

1 将丹麦面包面皮切成边长10厘米的正方形（图1），中间挤上豆沙馅（图2），沿对角线对折成三角形（图3），上层略比下层长一点点。

2 在温度30℃、湿度70%的环境下发酵70～120分钟（图4）。

3 当面团膨胀到原来的2～2.5倍大的时候，刷上全蛋液（图5），撒上黑芝麻（图6），放入烤箱用180℃烤15分钟左右。

鲜果丹麦

原料

丹麦面包面皮·····················1片
卡士达酱·····················200克
全蛋液·····················适量
应季水果·····················适量
糖粉·····················适量

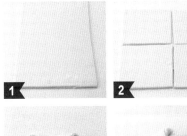

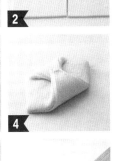

做法

1 将丹麦面包面皮切成10厘米见方的面片（图1、图2），两角对折，压紧（图3）。

2 在温度30℃、湿度70%的环境下发酵70～120分钟（图4）。

3 当面团膨胀到原来的2～2.5倍大的时候，在中间挤上卡士达酱，面包表面刷全蛋液（图5、图6）。

4 放入烤箱用180℃烤15分钟左右，烤好后在中间摆上时令水果，撒一薄层糖粉。

香梨丹麦

原料

丹麦面包面皮	1片
雪梨罐头	1罐
卡士达酱	200克
全蛋液	适量
蜂蜜	适量
开心果碎	适量

做法

1 将丹麦面包面皮切成10厘米见方的面片（图1、图2），在温度30℃、湿度70%的环境下发酵70分钟。

2 当面团膨胀到原来的2~2.5倍大的时候停止发酵（图3）。

3 雪梨罐头切片，边缘用喷枪烧至微糊。在面包中间挤上卡士达酱，刷蛋液摆上梨片（图4~图6），放入烤箱用180℃烤15分钟，烤好后刷蜂蜜，撒上开心果碎。

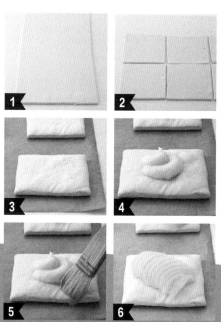

PART 3

甜面包

菲律宾面包

原料

高筋面粉	100克
低筋面粉	25克
盐	2克
干酵母	3克
糖	15克
水	85克
黄油	10克

辅料

面包糠	适量

做法

1 将除黄油外的所有原料一同倒入搅拌桶，用2档将所有材料混合成一个基本面团（图1、图2），换4档，搅拌至面团有弹性，能拉出较厚的膜儿（图3）。

 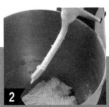

2 加入室温提前软化好的黄油（图4），用2档慢慢将黄油揉进面团，当黄油消失后，换成4档，直到完全扩展状态（图5）。

3 将面团滚圆，封上保鲜膜，进行第一次发酵（图6）。当面团膨胀到原体积的2～2.5倍大时，用手指蘸一些干面粉，在面团上戳一个洞，这个洞没有回缩或微微回缩，不塌陷，就是醒发好了（图7）。

4 将面团移到案板上，轻拍排气（图8），平均分成4份，分别揉圆后静置15～20分钟（图9）。

5 把松弛好的面团一端搓尖，擀开成三角形，翻面后卷起成略长的橄榄形（图10～图12）。表面粘上面包糠，封口线向下均匀摆好，进行最后发酵（图13～图15）。

6 烤箱用200℃预热，将面包放中下层，烤10分钟即可（图16）。

"超级°啰嗦"

●揉面时，刚刚到完全扩展状态就可以了，不要揉过。

●这款面包比较百搭，可以直接吃，也可以夹各种馅料做成三明治或热狗。

●最后整形时，如果不会卷橄榄形，直接卷个直筒形也行。

●高温烘烤会保留住大部分的水分，让面包更松软湿润。如果你的烤箱是20升左右的小烤箱，就不要用200℃，降到180℃烤15分钟左右，小烤箱用高温会把面包烤糊。

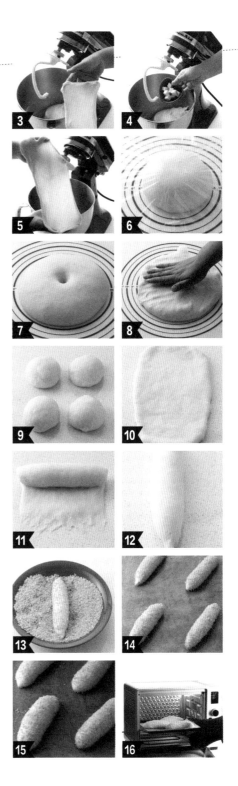

脆皮面包

原料

高筋面粉	230克
糖	18克
盐	5克
奶粉	6克
干酵母	3克
水	150克
黄油	10克
卡士达酱	200克

脆皮原料

糯米粉	80克
水	75克
干酵母	7克
色拉油	13克
砂糖	14克
盐	2克
低筋面粉	10克

1 将所有原料一同混合，搅拌均匀后用反复揉搓的方法将所有材料充分揉匀（图1），将面团在案板上反复摔打，直至面团达到完全扩展状态（图2）。

2 将揉好的面团滚圆，放在一个密封的容器内，进行第一次发酵（图3），当面团膨胀到原来的2倍大的时候（图4），停止发酵，给面团按压排气，平均分成4份，分别滚圆静置（图5）。

3 在等待面团发酵时，制作卡士达酱。

4 所有脆皮原料混合均匀，密封发酵待用。

5 把松弛好的面团压扁，包入适量卡士达酱，封口线朝下，均匀摆在烤盘中（图6～图8），密封好进行最后一次发酵，当面团膨胀到原体积的2倍大的时候，停止发酵。

6 涂上脆皮面糊（图9）。

7 提前以190℃预热烤箱，把面团放在中层，烤30～35分钟即可（图10）。

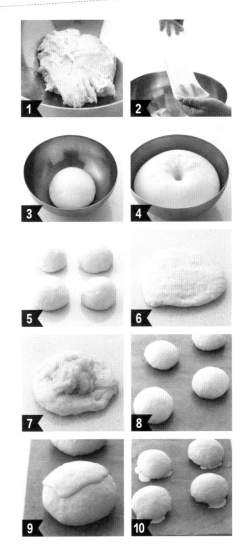

● 由于配方中黄油含量较少，揉面时与其他材料一同加入就可以。

● 脆皮面糊一定要混合均匀后再进入发酵期，要让油充分与其他材料混合，不能油水分离。

● 最后涂脆皮面糊时，要涂的厚薄均匀。

豆浆面包

原料

高筋面粉…………180克

黄豆粉……………20克

砂糖………………30克

盐…………………3克

黄油………………12克

干酵母……………4克

豆浆………（约）140克

辅料

乳酪丁……………30颗

做法

1 黄油和乳酪丁从冰箱取出回温，现磨豆浆放凉备用（图1）。

2 将除黄油外的所有原料一同混合，揉成一个无干粉存在的基本面团（图2），将面团移到案台上揉搓、摔打，直到面团变的光滑，有一定的弹性，可以拉出较厚的膜时加入黄油（图3、图4），用揉搓的方法将黄油慢慢揉进面团，继续摔打面团，至完全扩展状态（图5）。

3 将面团滚圆，放到一个大容器中（图6），进行第一次发酵，当面团膨胀到原来的2～2.5倍大时停止发酵，用手指蘸干粉在面团表面戳洞，如果面团不回缩或微微回缩，也没有塌陷，就说明面团发好了（图7）。把面团分成6个50克、1个60克的小面团，分别滚圆松弛15～20分钟（图8）。

4 将松弛好的50克的面团分别包入5颗乳酪丁并摆成圆形（图9～图12），把60克的面团擀成圆形面皮，大小与6个50克面团摆成的圆形相同（图13）。把圆形面皮盖在摆好的6个面团上（图14），把面包放在温暖湿润的环境中，发到原来的2倍大就可以了（图15）。

5 提前以200℃预热烤箱，在面团表面撒一薄层干粉（图16），把面包放入烤箱下层，温度降到180℃，烤15～18分钟。

"超级唠嗦"

●豆浆可以用自己现做的，健康有营养。在使用的时候注意豆浆的温度和含水量，根据含水量不同来增减豆浆的量。

●家里制作面包，如果没有发酵箱，很难营造出温暖湿润的环境，可以用一个大的可以密封的盒子，把不操作的面团密封在里边，这样面团就不会干皮啦。

●烤箱不同，火力不同，烘烤的时间要根据实际情况调整，注意面包在烤箱内的变化。

豆沙大面包

原料

高筋面粉··········· 250克　　**辅料**

糖··················· 60克　　红豆馅··········· 适量

干酵母··············· 5克　　全蛋液··········· 适量

盐··················· 5克

奶粉················· 15克

全蛋················· 20克

水················· 140克

黄油················· 25克

做法

1　将黄油和红豆馅放到室温回暖，软化。

2　将除黄油外的所有原料混合在一起，搅拌成无干粉存在的基本面团（图1），将面团移到案板上，先用揉搓的方法将所有材料充分混合，接着反复摔打面团，当面团有一定的弹性，可以拉出一个比较厚的膜儿时（图2），加入黄油（图3），用反复揉搓的方法把黄油完全揉入面团，后继续摔打面团，直至完全扩展阶段（图4）。

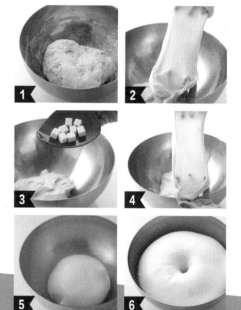

3 将揉好的面团滚圆（图5），放到一个大容器里，进行第一次醒发。当面团发到2～2.5倍大，用手指蘸干粉在面团表面戳洞，如果面团不回缩或微微回缩，也没有塌陷，就说明面团发好了（图6）。用手掌轻拍给面团排气，再次揉圆，并静置10～15分钟。

4 将松弛好的面团擀成正方形（图7），光滑面朝下，在粗糙面抹一薄层红豆馅，从上向下把面饼卷起来，卷的稍微紧点，封口线捏紧并压在下面（图8～图10），用剪刀均匀的剪成若干段（图11），并在耐烤油布上摆成类似麦穗的形状（图12），盖好进行最后发酵，面团膨胀到原来的1.5倍大就可以了（图13）。

5 提前以180℃预热烤箱，在发酵好的面包表面刷蛋液（图14），放在烤箱的中下层，烤约25分钟。

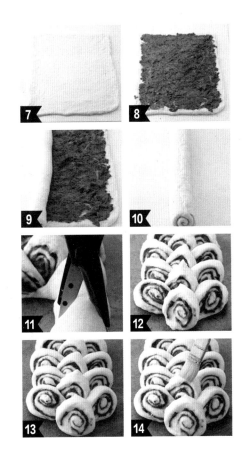

"超级°嗦"

● 抹红豆馅时，不要抹太多，馅太多容易让面包中心烤不熟。

● 面包制作中，难点在于剪开的过程：要剪得深一些，只留底部有一点面连接就好；摆造型的时候，手上可以擦一些色拉油，这样可以防止粘手，影响面包的造型。

● 剪的时候，剪刀稍稍有向上提的动作，这样才能剪出类似麦穗那种尖尖的感觉。

● 最后发酵时，面团膨胀到1.5倍大就可以了，如果发的太大，面包整体的造型会发生变化。

● 最后烘烤时最好放在中下层，这样会离上火远一点，不会发生内部没烤熟，表面已烤糊的现象，特别是小烤箱。

黑眼豆豆

原料

高筋面粉	200克
黑可可粉	7克
可可粉	5克
砂糖	36克
盐	3克
干酵母	3克
全蛋液	13克
水	130克
黄油	22克

辅料

耐烤巧克力豆······27克

馅料

耐烤巧克力豆······适量

装饰

全蛋液·············适量

做法

1 黄油提前放室温软化备用。

2 将除黄油外的所有原料一同倒入搅拌桶，用2档将所有材料混合成一个基本面团（图1、图2），换到4档，搅拌到面团有弹性，能拉出较厚的膜儿（图3）。

3 加入黄油（图4），用2档慢慢将黄油揉进面团，当黄油消失后，换成4档，直到完全扩展状态（图5），最后将耐烤巧克力豆揉入面团（图6）。

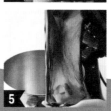 

4 将面团滚圆，放在大碗中，盖保鲜膜进行第一次发酵（图7）。当面团膨胀到原体积的2~2.5倍大时，用手指蘸一些干面粉，在面团上戳一个洞，这个洞没有回缩或微微回缩，不塌陷，就是醒发好了（图8）。

5 将发好的面团用手掌轻拍排气，平均分割成6个面团，分别揉圆，盖保鲜膜松弛15分钟（图9）。

6 将松弛好的面团用手压扁，包入耐烤巧克力豆，封口处捏紧，均匀的摆在耐烤油布上（图10~图12），密封好进行最后发酵，发到原来的2~2.5倍大就可以了（图13）。

7 提前以200℃预热烤箱。在面包表面刷上全蛋液（图14），放入烤箱，向烤箱内快速喷几次水雾，立即关上烤箱门，烤8~12分钟。

8 出烤箱后移到网架上晾凉就可以吃了。

"超级啰嗦"

●如果你喜欢黑眼豆豆"软心"的效果，烤好之后晾到温热的时候吃即可，不能烤完就吃，烫！完全凉了的黑眼豆豆，只要放到烤箱中，150℃再烤5分钟，就能恢复美妙"软心"啦。

●黑可可粉是这款小面包美丽"肤色"的保证，只用普通的可可粉，做出来的面包是红棕色的，不够漂亮哦！烘焙用品店或者淘网上都能买到黑可可粉。但是，也不能偷懒全部用黑可可粉，因为黑可可粉的巧克力味不够浓，得配合普通的可可粉一起用，才能又好看又好吃。

●一定要选择烘焙专用、耐高温的巧克力豆，普通的不行。

●面团中有巧克力豆，尽量不要放在超过35℃的湿热环境中发酵，因为耐烤巧克力豆只耐高温烘烤，但不耐湿热，湿热环境下巧克力豆会融化，会影响整个面团的状态。

●这款面包采用了200℃高温烘烤，因为用高温能让面包快速膨胀和定形，保持水分。如果你的面团延展性不是特别好，那就用180℃烤15分钟左右吧。

胡萝卜面包

原料

高筋面粉	200克
砂糖	20克
盐	5克
干酵母	4克
奶粉	10克
胡萝卜	1根
鸡蛋	50克
黄油	20克
装饰	
全蛋液	适量

做法

1 胡萝卜榨汁，取80克备用，黄油化软备用。

2 将除黄油外的所有原料混合成无干粉存在的基本面团（图1、图2），转移到案板上，反复揉搓均匀，反复摔打面团，直到面团有一定弹性，可以拉出较厚的膜（图3），加入黄油（图4），继续用揉搓的方法把黄油完全揉入面团，继续摔打面团，直到面团有很好的弹性和延展性，达到完全扩展状态（图5）。

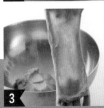

3 将面团滚圆，放在大一些的容器中（图6），密封后进行第一次发酵，当面团发到2~2.5倍大就可以停止发酵了（图7）。将发好的面团转移到案台上，用手掌轻拍排气，并平均分成12个小面团，密封好松弛15分钟（图8）。

4 将松弛好的面团擀开并卷起，盖好静置一小会（图9、图10），搓成长35厘米的长条形（图11），取两条交叉成十字（图12），按图13~图18指示编起，尾部捏紧。均匀摆在耐烤油布上，放在温暖湿润的环境中进行最后发酵（图19）。面包膨胀到原来的2倍大时就可以了。

5 提前以180℃预热烤箱，发好的面团表面刷全蛋液（图20），放在烤箱的中下层，烤13分钟左右。

"超级° 啰嗦"

●胡萝卜汁含水量不同，可以多准备些，如果面粉吸水性高的话，可以适量多加点胡萝卜汁。

●面团发酵的过程中，除了要注意面团体积变化，同时也要注意面团的味道，不要有发酸的情况。

●编织方法是两变四，方法很容易掌握，多练习就可以了。

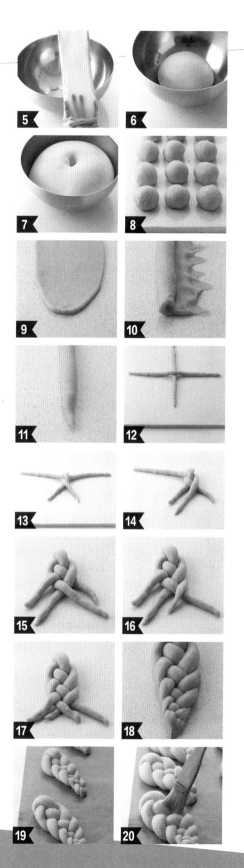

咖喱香肠面包

原料

原料	用量
高筋面粉	165克
砂糖	40克
盐	4克
干酵母	3克
奶粉	5克
全蛋	25克
水	85克
黄油	20克

辅料

香肠	6根	黑芝麻	适量
咖喱粉	适量	全蛋液	适量

做法

1 黄油提前在室温化软。香肠如果是冷冻的，提前放在凉水中回温，并用清水洗净备用。

2 将除黄油外的所有原料混合，搅拌成无干粉存在的基本面团（图1、图2）将面团移到案板上反复摔打，当面团有一定弹性、能拉长且不断裂时（图3），加入黄油（图4），反复揉搓，将黄油完全揉入面团，继续摔打面团，到完全扩展状态（图5）。

3 将面团滚圆，放到大容器中（图6），密封好进行第一次发酵。当面团膨胀到原来的2～2.5倍大时就可以停止发酵，用手指蘸干粉在面团表面戳洞，如果不回缩也不塌陷，就说明发好了（图7）。将发好的面团平均分成6份，分别揉圆，松弛10分钟（图8）。

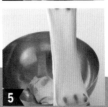

4 将松弛好的面团排气，光面朝上，擀成长椭圆形，卷成棍状（图9～图11），再松弛几分钟，轻轻搓成约45厘米的长条（图12），取一根沾满咖喱粉的香肠，手持一端，将长条在香肠上缠绕五六圈，尾端捏紧，封口线朝下，均匀的摆在烤盘上（图13、图14）。

5 将面团密封好，进行最后发酵，膨胀到原来的1.5倍大就可以了。

6 提前以180℃预热烤箱。面包表面刷全蛋液，撒上黑芝麻（图15、图16），放在烤箱中下层，烤15分钟左右。

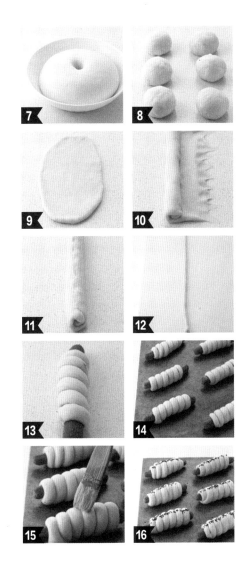

"超级°啰嗦"

●香肠提前用水浸泡清洗，表面沾上咖喱粉备用。如果想要沾上更多咖喱粉，可以用开水浸泡香肠1小时，把肠衣剥离，这样不仅可以粘上更多的咖喱粉，也可以防止香肠在烘烤时破裂。

●咖喱粉可以按照自己的喜好选择不同的辣度。

●这里使用的香肠长20厘米，所以面团要搓成45厘米长，这样可以在香肠上缠绕五六圈。如果香肠短一些，长条就要在45厘米以下。缠绕时不要用力拉扯，让面团在松弛的状态下缠绕在香肠上。

●因为面包最后的形状要有纹理感，所以最后发酵时不要发的太大，膨胀到原来的1.5倍大就可以了。

●面团在50～60克时，以180℃烘烤15分钟即可，不要烤太长时间。

●如果出现上色慢或颜色浅的情况，先测量一下烤箱的温度偏差，如果温度没有偏差，可以调整一下蛋液中蛋黄的含量或面团中糖的含量。

卡士达排包

做法

1 将黄油、乳酪丁从冰箱取出，放室温回暖。

2 将除黄油外的所有原料混合，搅拌成没有干粉存在的基本面团（图1、图2），移到案台上反复摔打，直到面团有一定的弹性，可以拉出较厚的膜儿（图3），加入黄油（图4），反复揉搓，将黄油完全揉入面团，继续摔打面团，直到完全扩展状态（图5）。

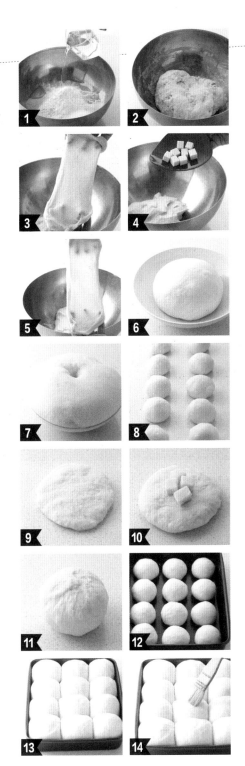

3 将面团滚圆，放到一个大容器里（图6），进行第一次发酵。当面团发到2～2.5倍大，用手指蘸干粉在面团表面戳洞，不回缩也不塌陷就是发好了（图7）。

4 将面团平分成12份，揉圆后松弛10分钟（图8）。

5 松弛好的面团分别包入三四颗乳酪丁，均匀摆在模具中，密封好进行最后发酵（图9～图12）。

6 当每个小面团都膨胀到原体积的2倍大时，在面包表面刷上全蛋液（图13、图14），缝隙中挤上卡士达酱，表面撒杏仁片装饰。

7 提前以180℃预热烤箱，把面包放在烤箱中下层，烤35分钟左右。

"超级°嘮嗦"

●如果没有方形模具，直接整形，放到油布上烘烤也可以，但是造型可就没这么漂亮了。

●面团的大小要根据模具深度的不同来调整，大伙操作的时候要注意哦。

●馅料可以按你的喜好自由更换，但如果馅料是冷藏的，要提前取出来回温哦。

●烤面包的时候，要注意观察面包的颜色变化，等表面的颜色达到你想要的程度时，若内部还没熟，就要盖一层锡纸继续烤。

●烘烤时间也是根据模具大小、薄厚、面团大小来调整的。配方中给出的时间和温度只是个参考，大伙要根据自家的情况观察调整。

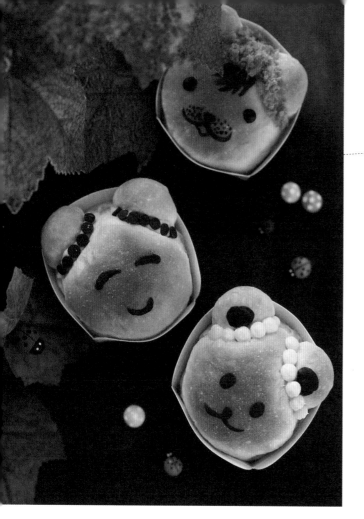

豆沙卡通杯子面包

原料

高筋面粉	180克
糖	25克
干酵母	4克
盐	4克
奶粉	10克
全蛋	50克
水	75克
黄油	15克

辅料

| 红豆馅 | 100克左右 |
| 黑巧克力 | 适量 |

做法

1 将黄油和红豆馅放到室温回暖。

2 将除黄油外的所有原料混合在一起,搅拌成一个没有明显干粉存在的基本面团(图1、图2),将面团移到案台上,用揉搓的方法将所有材料充分揉均匀,在案板上反复摔打,至面团有一定的弹性,可以拉出一个比较厚的膜时(图3),加入黄油(图4),用反复揉搓的方法将黄油完全揉入面团中,继续摔打面团,直到完全扩展状态(图5)。

 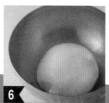

3 将揉好的面团滚圆，放到一个大容器中（图6），进行第一次发酵。当面团发到2～2.5倍大，用手指蘸干粉在面团表面戳洞，如果面团不回缩或微微回缩，也没有塌陷，就说明面团发好了（图7）。将面团分成9个30克，18个5克的小面团，分别揉圆，松弛10分钟（图8）。

4 将松弛好的大面团分别包入15克左右的红豆馅，封口处捏好（图9～图11），放在模具中（图12），室温发酵10～15分钟，待面包发到原来的1.5倍大就好。将5克的小面团揉成小球，当成耳朵摆在大面团上（图13～图15）。

5 提前以170℃预热烤箱，将整形完成的面包均匀摆在烤盘中，放在烤箱的中下层，烤约20分钟。

6 将烤好的面包转移到网架上，晾凉后用自己喜欢的食材装饰，用黑巧克力画出表情（图16）。

●粘耳朵时要保持面团的湿润，这样面团才能粘到一起。

●整形前尽量排掉面团里的空气。

●这款面包在进烤箱前不建议刷蛋液，如果一定要刷蛋液，就要注意面包烘烤中的颜色变化，必要时可以加盖锡纸，防止过度上色。

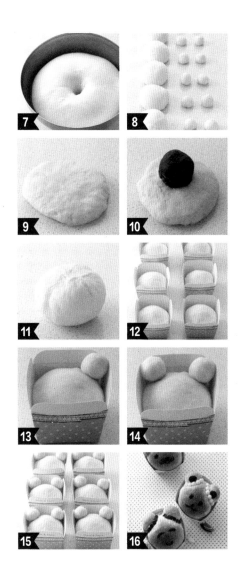

克林姆餐包

原料

高筋面粉	125克
糖	30克
干酵母	3克
盐	3克
蛋液	10克
水	75克
黄油	13克

克林姆酱

蛋黄	2个	牛奶	100克
砂糖	40克	黄油	10克
玉米淀粉	10克	**装饰**	
低筋面粉	10克	全蛋液	适量
		白芝麻	适量

做法

1 将克林姆酱原料中的蛋黄和砂糖混合，搅拌均匀至糖融化。

2 将玉米淀粉、低筋面粉混合过筛后加入蛋黄液中，搅拌成无颗粒的面糊。

3 牛奶加热到80℃左右，缓缓倒入蛋黄糊中，边倒边搅拌，搅均匀后再倒回小锅中。

4 小火加热，边加热边搅拌，直到成黏稠糊状，加入黄油，搅匀即成克林姆酱。

5 将黄油放在室温回暖。

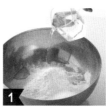 

6 将除黄油外的所有原料一同混合，搅拌成无干粉存在的基本面团（图1、图2），移到案板上，反复摔打至有一定弹性、可以拉出较厚的膜时（图3），加入黄油（图4），反复揉搓面团，直至黄油完全消失，反复摔打面团，直到完全扩展状态（图5）。

7 将面团滚圆，放到一个大容器里（图6），进行第一次醒发。当面团发到2~2.5倍大，用手指蘸干粉在面团表面戳洞，如果面团不回缩或微微回缩，也没有塌陷，就说明面团发好了（图7）。将发好的面团平分成4份，揉圆后静置松弛10分钟（图8）。

8 把松弛好的面团分别压扁，包入适量克林姆酱，收口（图9~图12），平均摆在耐烤油布上，用手掌轻轻压扁，剪出缺口（图13、图14），密封好进行最后发酵。

9 待面团膨胀到原来的2倍大后停止发酵，在面包表面刷全蛋液，撒白芝麻装饰（图15、图16）。

10 提前以180℃预热烤箱，把面包放在烤箱的中下层，烤15分钟左右。

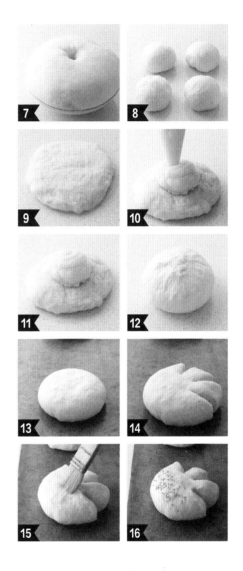

● 揉面时的弹性和延展性决定面包的松软度。

● 包入克林姆酱的面包，是要切开的，因为酱料中含有大量水分，在烘烤过程中水分受热沸腾，体积会快速膨胀，如果不提前切开刀口，面包体会被撑破或留下空洞。

老式面包

原料

液种

高筋面粉	120克
砂糖	14克
温水（40℃左右）	128克
干酵母	2克

主面团

高筋面粉	120克
鸡蛋	40克
奶粉	10克
砂糖	40克
干酵母	2克
盐	3克
黄油	28克

模具

（圆形模具尺寸20厘米×6厘米）

做法

1 黄油化软备用。

2 将液种中的所有材料一同混合，充分搅拌均匀（图1），密封好后发酵50～70分钟，待膨胀到原来的2～3倍大（图2），即可使用。

3 将主面团中除黄油外的所有材料与液种混合，搅拌成无干粉存在的基本面团（图3、图4），转移到案板上反复揉搓、摔打，当面团有一定弹性时加入黄油（图5、图6），反复揉搓至黄油完全消失，反复摔打至完全扩展状态（图7）。

 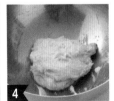

4 将面团滚圆，放在大容器中（图8），密封好进行第一次发酵。待面团膨胀到原来的2~2.5倍时停止发酵（图9），轻拍排气。平均分成6份，分别揉圆，密封好松弛10分钟（图10）。

5 松弛好的面团再次揉圆排气，捏紧封口均匀摆在模具中（图11），密封好进行最后发酵，当面团膨胀到9分满时就可以了（图12）。

6 提前以180℃预热烤箱，把模具放在网架上，放在烤箱中下层，烤30~40分钟，烘烤时观察面包颜色变化，颜色合适时就在面包上盖锡纸。

7 面包出炉后在表面刷一层黄油（图13），然后立即移到网架上，晾凉即可。

"超级啰嗦"

●制作液种时，一定要充分搅拌，不要有颗粒感。液种也可以提前一天做好，放冰箱冷藏，次日使用。

●液种发酵所用的时间是不固定的，时间的长短由液种自身的温度和发酵环境的温度决定，注意观察液种的发酵状态，发好的液种会充满小气泡，体积膨胀到2倍，闻起来有发酵的味道，但不要有酸味。

●发酵好的面团不要用力捶打或揉搓，用手掌轻轻拍打，排掉大部分气体就好。

●制作老式面包，模具选择和最终整形都是很随意的，按模具尺寸增减配料的多少，根据喜好设定整形方案。

芒果面包

原料

高筋面粉··········170克

砂糖················40克

盐····················3克

干酵母··············3克

炼乳················10克

全蛋················10克

水·················100克

黄油················20克

辅料

芒果干··············80克

朗姆酒··············5克

做法

1 芒果干用剪刀剪成小块，用开水烫10秒，沥干水，加8克朗姆酒拌匀，密封浸泡一晚。

2 黄油放到室温化软。

3 将除黄油外的所有原料混合，搅拌成没有干粉的基本面团（图1），在案板上反复摔打，直到面团有一定的弹性，能拉出厚膜时（图2），加入黄油（图3）。

4 反复揉搓，将把黄油完全揉入面团中，继续摔打面团，直至面团达到完全扩展状态（图4）。

5 将备好的芒果干均匀揉进面团（图5）。

6 将面团滚圆，放到大容器中（图6），封上保鲜膜，进行第一次发酵。

7 当面团发到2倍大时，用手指蘸干粉在面团表面戳洞，洞不回缩，不塌陷就是醒发好了（图7）。

8 面团移到案板上，用手掌轻拍排气，分成5个面团，分别揉圆，密封好松弛15分钟（图8）。

9 将松弛好的面团再次排气，滚圆并捏紧封口处，均匀摆在烤盘内（图9），放在一个温暖湿润的环境中，待发到原来的2倍大（图10）。

10 提前以180℃预热烤箱，面团表面撒一层薄粉（图11），放到烤箱的中下层，烤17分钟左右。

"超级啰嗦"

● 泡果干时，朗姆酒不要加的太多，否则果干太湿，揉进面团会影响面团的质量。

● 在制作没有馅料的面包时，最后的整形用力要均匀，尽量让面包内部组织紧密度相同，否则成品会走形。

全麦红豆面包

原料

高筋面粉··········210克
全麦粉············25克
砂糖·············15克
盐··············5克
干酵母············4克
水··············150克

辅料

蜜渍红豆··········适量

烫种

高筋面粉··········100克
开水·············95克
盐··············1克
糖··············10克

做法

1 将烫种原料中的面粉、糖、盐混合，立即倒入开水，快速搅拌5分钟，装入密封盒，室温放凉，放冰箱冷藏，隔夜备用。

2 蜜渍红豆放在室温回温。

3 高筋面粉、全麦粉、糖、盐、干酵母放入搅拌桶，将水混合在一起，也倒入搅拌桶（图1）。

4 开机后，先用2档搅拌约1分钟，面团基本成形（图2），取23克烫种切成小块，加入桶内，将机器转速提高到4档，搅拌10～15分钟，面团会慢慢形成面筋，停机检查一下面筋情况，清理粘在面钩上的面。

5 继续用4档揉面13～15分钟，面团达到完全扩展状态（面团能拉出很薄很透明的薄膜，图3，有韧性，戳破之后，破洞的边缘光滑无锯齿）。

6 将面团滚圆，密封好开始第一次发酵（图4）。

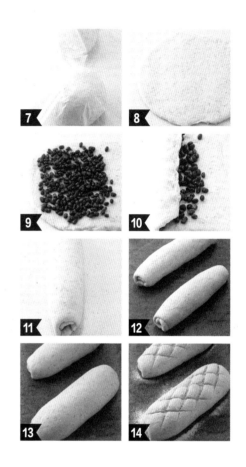

7 经过35～45分钟的发酵（室温27℃左右），面团膨胀到原来的2倍大，用手指蘸一些干面粉，在面团表面戳洞，如果没有回缩或微微回缩，面团不塌陷，就是醒发好了（图5）。

8 发好的面团移到案台上，用手掌轻拍排气，一分为二，分别揉圆，密封好松弛15～20分钟（图6、图7）。

9 将松弛好的面团擀开，在上半部分铺上一层红豆粒，自上向下卷起，要卷紧，不要卷进大气泡（图8～图10），封口处压紧，摆在烤盘或耐烤油布上（图11、图12）。密封好进行最后发酵。

10 当面团发到2～2.5倍，表面撒上一薄层干粉，在面团上划出网格状刀口（图13、图14）。

11 提前以200℃预热烤箱，将面包放在烤箱中下层，烤15分钟左右，出烤箱后移到网架上放凉。

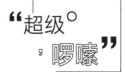
"超级啰嗦"

● 因为面团中没有黄油，在第一次醒发时，可以在碗内壁或桌面上抹薄薄一层色拉油，以防黏住。

● 蜜渍红豆一定要提前回温，不要在很凉的状态下包入面团中。

● 家庭制作面包时没有专业发酵设备，所以要随时保持面团的湿润，在干燥的季节，面团暴露在空气中有可能会干皮，可以准备喷水壶随时加湿。

热狗

原料

高筋面粉·············250克
砂糖·················36克
盐···················4克
奶粉·················8克
干酵母···············4克
水··················160克
黄油·················15克

辅料

热狗肠…5根（长20厘米）

蛋黄酱················适量
番茄沙司··············适量

做法

1 热狗肠用200℃烤10～20分钟，晾凉备用。黄油放在室温化软。

2 将除黄油外的所有原料混合成没有干粉存在的基本面团（图1、图2），移到案板上用揉搓的方法将所有材料充分揉匀。

3 反复摔打面团，当面团有一定弹性，可以拉出一个比较厚的膜时加入黄油（图3、图4），用反复揉搓的方法将黄油完全揉进面团，继续摔打面团，直到面团有很好的弹性和延展性，即完全扩展阶段（图5）。

4 将揉好的面团滚圆，放到大一些的容器中（图6），密封好进行第一次发酵。待面团膨胀到原体积的2~3倍大时，停止发酵（图7）。将面团移到案板上，轻拍排气，平均分成5份，揉圆静置（图8）。

5 将面团松弛20分钟，搓成水滴状，擀开成三角形，翻面光滑面朝下，从小头向大头卷起，卷成长条状的橄榄形（图9~图12），平均摆好（图13），盖好进行最后的发酵。当面包发到原体积2~2.5倍大时停止发酵，在面包表面刷全蛋液，撒黑芝麻装饰（图14、图15）。

6 提前以180℃预热烤箱，把面包放在烤箱中下层烤15~18分钟，期间注意颜色变化。

7 将烤好的面包移到网架上晾凉，用锯刀将面包切开，夹入热狗肠，挤上番茄沙司、蛋黄酱就可以食用了（图16、图17）。

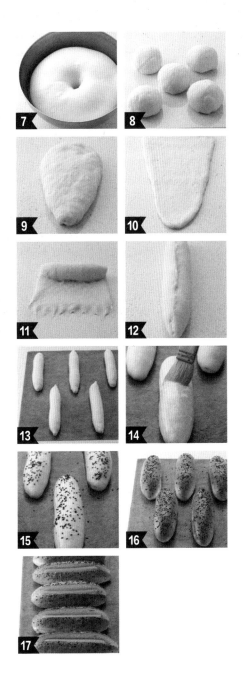

"超级°唠嗦"

● 热狗的变化很多，辅料可以按自己的口味来准备。

● 热狗肠提前煮熟或烤熟都行，我觉得烤熟的更好吃。

● 热狗肠在加热后会有爆裂的现象，怎么办呢?把香肠用开水泡1小时，两端用小刀划一个小口，这样可以轻松的把肠衣剥下来，去了皮儿的香肠再加热就不会爆裂了。

● 揉面时，如果想要热狗面包松软一些，就揉的延展性好一些。

● 整形时，面团要卷紧一些，这样面包在烘烤时才会很挺实。如果整形时面团没有劲儿的话，烤出来的面包可能是扁扁的。

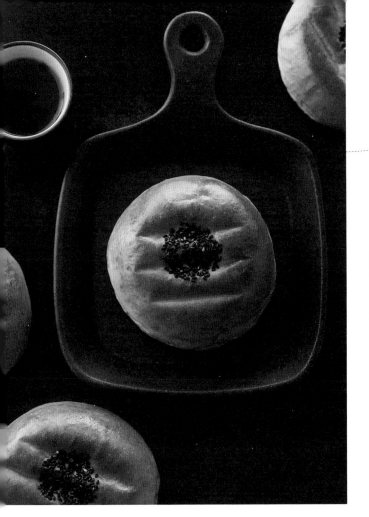

乳酪红豆面包

原料

高筋面粉··········· 170克
砂糖··············· 20克
盐················· 4克
干酵母············· 3克
炼乳··············· 10克
全蛋液············· 10克
水················· 95克
黄油··············· 20克
奶酪馅············· 260克
（做法见P13）

辅料

蜜渍红豆粒··········· 适量
黑芝麻··············· 适量

做法

1 黄油提前切小块，放室温软化。

2 高筋面粉、糖、盐、干酵母放入搅拌桶，然后加入炼乳、蛋液、水混合物。

3 开机后，先用2档搅拌约1分钟，面团基本成形（图1），将转速提高到4档搅拌10～15分钟，面团会慢慢形成面筋，停机检查一下，能拉出一个比较厚的膜（图2），加入黄油（图3）。

4 先用2档搅拌，待看不到黄油时将机器的转速提高到4档。

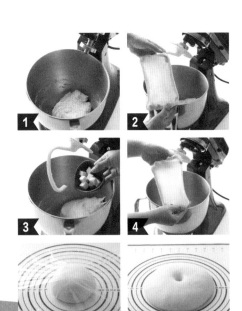

5 经过8～13分钟，面团达到完全扩展状态（图4，面团能拉出很薄很透明的薄膜）。

6 将面团滚圆，移到大容器中或放在桌面上，密封好开始第一次发酵（图5）。

7 35～45分钟后，面团会膨胀到原来的2倍大，用手指蘸一些干面粉，在面团上戳一个洞，这个洞没有回缩或微微回缩，不塌陷，就说明面团发好了（图6）。

8 发好的面团放到操作台上，用手轻拍，排掉2/3的气体（图7），然后将面团平分成5份，分别揉圆（图8）。密封松弛15～20分钟，让面团足够松弛（图9）。

9 四指并拢，将面团压成中间厚四周薄的面饼（图10），光滑面向下，用左手托住，用馅匙取适量奶酪馅，并沾上一些红豆粒，放在面饼中心（图11），左右手配合把馅包好，封口处捏紧一点。

10 做好后摆在模具或面包纸托里，密封好进行最后发酵（图12）。

11 待发酵到原体积的2～2.5倍大，撒上黑芝麻（图13、图14），放入预热160℃的烤箱，中下层，先烤7分钟，再在面色上压一个网架，压出横纹或网格纹，继续烤8分钟左右即可。

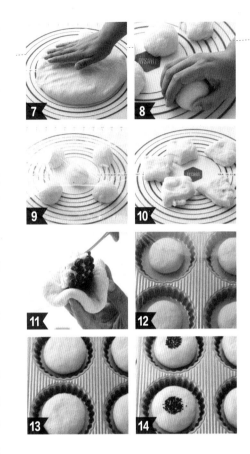

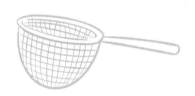

"超级 嘮嗦"

● 制作奶酪馅时，奶油奶酪不要打发，搅拌到均匀无颗粒感就行。不同品牌的奶油奶酪，酸度是不同的，奶酪馅中的糖量可以根据自己的口味增减。

● 奶酪馅可以一次多做一些，用保鲜盒密封，冷藏保存，能保存一周左右。用之前一定要提前放在室内回温，不能从冰箱拿出来直接用，那样会影响面包的发酵。

● 包馅时，面饼上尽量少沾干粉，甚至不沾干粉，干粉太多会让面团无法黏合，会漏馅。

● 奶酪馅的水分含量很高，烤好了千万不要一出烤箱就吃，很烫。

三叶草面包

原料

高筋面粉	200克
糖	48克
干酵母	4克
盐	4克
奶粉	10克
全蛋	20克
水	120克
黄油	20克
奶酪馅	260克
（做法见P13）	

装饰

全蛋液	适量
樱桃	适量

做法

1 将黄油放到室温化软。

2 高筋面粉、糖、盐、干酵母放入搅拌桶，然后加入奶粉、蛋液、水混合液（图1）。

3 开机后，先用2档搅拌2～3分钟，面团基本成形（图2），将转速提高到4档搅拌约8分钟，停机检查状态，能拉出较厚的膜（图3），加入黄油（图4）。

4 先用2档搅拌3～4分钟后黄油消失，接着将转速提高到4档，继续搅拌。

 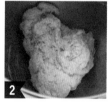

5 大约经过4分钟，面团达到完全扩展状态（图5，面团能拉出很薄很透明的薄膜，有韧性，戳破之后，破洞的边缘光滑无锯齿）。

6 将面团移到大容器中或放在桌面上，用保鲜膜盖好（图6），开始第一次醒发。当面团膨胀到原来的2倍大时，停止发酵，用手指蘸干面粉在面团表面戳洞（图7），来判断面团是否发好。将发好的面团分成18个20克的小面团，分别滚圆松弛10分钟（图8）。

7 将松弛好的小面团再次排气，揉成小球，捏好封口，每个模具中放3个（图9）。

8 用保鲜膜盖好，进行最后发酵。当面团发到模具的六七分满时就可以了（图10），刷上全蛋液，在3个面团中间挤上适量奶酪馅（图11）。

9 提前以180℃预热烤箱，将面包放在烤箱的中下层，烤18分钟左右。将烤好的面包脱模，移到网架上晾凉备用，在顶端再挤一些奶酪馅，并用樱桃做装饰。

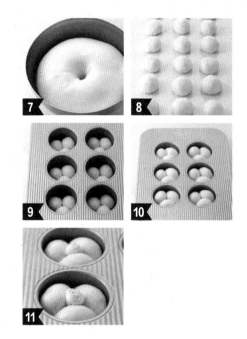

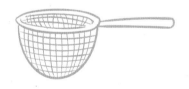

"超级°嘮嗦"

● 3个小面团要均匀地放到模具中，不要相互挤压。

● 最后发酵时，不用发太长时间，室温在30～32℃时，发20分钟左右就可以了。当然这都是参考时间，要根据实际情况和模具大小来定，如果使用大一些的模具，可以再发的大一点。

● 在烤的过程中，注意面包颜色变化，全蛋液基本可以达到好看的颜色，如果喜欢更红的颜色，可以刷纯蛋黄液。

圣诞花环面包

原料

高筋面粉············275克

砂糖·················20克

盐····················3克

干酵母···············4克

全蛋液···············50克

奶粉··················6克

水··················140克

黄油·················30克

辅料

葡萄干···············50克

朗姆酒

（白葡萄酒）········5克

装饰

蛋黄液···············适量

做法

1 提前将葡萄干用开水浸泡10秒，洗去杂质，沥干水，倒入5克朗姆酒，拌匀，密封隔夜备用。

2 将除黄油外的所有原料一同混合，搅拌到无干粉状态（图1），将面团移到案板上，反复揉搓至所有材料充分混合，反复摔打面团。

3 当面团变的细腻有弹性（图2），加入黄油（图3），慢慢揉搓，将黄油完全揉进面团，反复摔打，直至完全扩展状态（图4），加入准备好的葡萄干揉匀（图5）。

4 将面团滚圆，放入大容器中（图6），密封进行第一次发酵。当面团膨胀到原来的2～2.5倍时停止发酵（图7），按压排气，平均分成6份，分别揉圆（图8），密封松弛。

5 将松弛好的面团擀开，卷成长条，盖好静置一会儿（图9～图11），再搓成长70厘米的条状，三根一组（图12），两条平行，一条交叉，从中间开始向两端编，首尾对接成一个圈，盖好发酵（图13）。

6 室温发酵30～45分钟，待面团发酵到原来的1.5～2倍大，就可以了。

7 提前以190℃预热烤箱，在面包表面刷蛋黄液（图14），在中间摆上一些葡萄干，放在烤箱中下层烤20分钟左右即可。

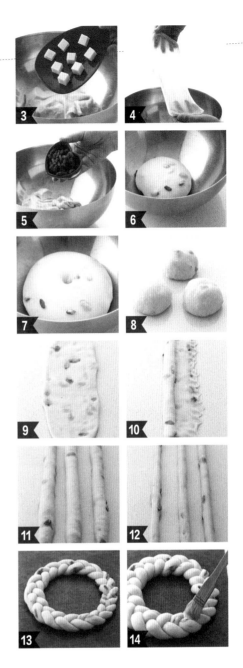

●搓长条时，一定要让面团足够松弛，不要一次性搓到70厘米，可以分成两步来操作，中间可以多静置一次。

●搓长条时，手指伸平，向下用力，不要向两端用力拉扯，防止断筋，一旦断筋，最终的产品就会有破裂的地方。

●编三股辫时，要从中间开始编，这样可以保证面团不会被过度拉扯变形。在编织时用力均匀，保证辫子从头到尾粗细一致；同时每股面团不要太紧，要留有一定的空隙。

●制作编织类面包时，多半不要发酵的太大，过大会让烤好的成品看上去比较平，没有纹理感。

酸奶白面包

原料

中种

高筋面粉⋯⋯⋯⋯⋯140克

干酵母⋯⋯⋯⋯⋯⋯3克

水⋯⋯⋯⋯⋯⋯⋯110克

主面团

高筋面粉⋯⋯⋯⋯⋯60克

糖⋯⋯⋯⋯⋯⋯⋯⋯10克

盐⋯⋯⋯⋯⋯⋯⋯⋯4克

猪油⋯⋯⋯⋯⋯⋯⋯10克

蛋白⋯⋯⋯⋯⋯⋯⋯30克

酸奶酱

原味酸奶⋯⋯⋯⋯⋯75克

牛奶⋯⋯⋯⋯⋯⋯⋯75克

糖⋯⋯⋯⋯⋯⋯⋯⋯45克

蛋白⋯⋯⋯⋯⋯⋯⋯75克

低筋面粉⋯⋯⋯⋯⋯25克

柠檬⋯⋯⋯⋯⋯⋯⋯1/4个

做法

酸奶酱做法

原味酸奶、牛奶、糖放入锅内，加热到60～70℃，取一半倒入蛋白中，不停搅拌，加入过筛的低筋面粉搅拌均匀，过筛倒回另一半奶中，加入柠檬汁，中火加热，不停抄底搅拌，防止糊锅，待面糊黏稠顺滑时关火，放凉备用。

面包做法

1 将中种所有原料一同混合，密封发酵至2.5倍大（图1、图2）。将发好的中种和主面团中所有材料一同混合，揉至面团有弹性，可以拉出厚膜（图3、图4）。加入猪油揉匀，继续揉至完全扩展状态（图5、图6）。将揉好的面团滚圆，放在大的容器中（图7），盖好静置20～30分钟（图8）。

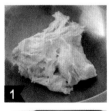

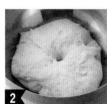

2 将松弛好的面团平均分成6个面团，分别滚圆松弛15分钟（图9），用手掌将面团一头搓尖，压扁，卷起成长橄榄形（图10~图13），将封口处捏紧，放在烤盘中（图14），密封好进行最后发酵。

3 当面团膨胀到2~2.5倍大时停止发酵（图15）。提前15分钟以170℃预热烤箱，在面包表面喷水雾，放在烤箱中下层，烤15分钟，加盖锡纸，再烤5分钟。烤好后快速在面包表面刷一层牛奶（图16）。

4 晾凉后用锯刀剖开面包，在中间挤上准备好的酸奶酱。

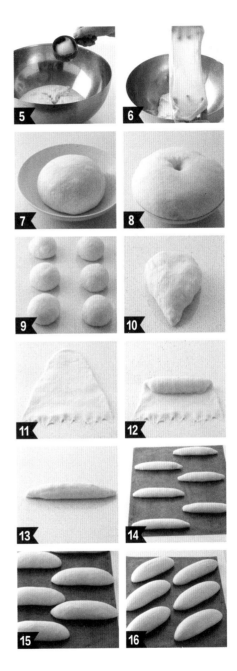

● 中种在发酵时不能发过头，发过的中种有酸味，会影响面包的成品质量。

● 完全扩展状态就是有很好的弹性和延展性。

● 如果有发酵箱，揉好的面团可以直接放在发酵箱中。

● 发酵时要保持环境湿润，不能让面团表面干燥。

● 最后盖锡纸，是为了让面包保持白色，要注意观察面包颜色的变化。

土豆虾仁面包

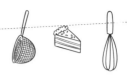

原料

高筋面粉	150克
砂糖	20克
盐	4克
干酵母	3克
炼乳	10克
水	97克
黄油	20克

内馅材料

小虾仁	12个
土豆1个	160克
咸味蛋黄酱	40克

装饰

马苏里拉芝士碎	适量
全蛋液	适量
糖粉	适量

做法

1 黄油提前放在室温化软备用。土豆去皮，切成四大块煮熟，放凉后压成土豆泥，将蛋黄酱、土豆泥搅拌均匀备用。虾仁去除虾线，清洗干清备用。

2 将除黄油外的所有原料混合在一起，搅拌成没有干粉的基本面团（图1、图2）移到案台上反复摔打，当面团光滑有弹性，可以拉出厚膜时（图3），加入黄油（图4），用反复揉搓的方法将黄油揉进面团，继续摔打面团，直到完全扩展状态（图5）。

3 将面团滚圆，放到容器中（图6），密封好进行第一次发酵。当面团膨胀到原来的2~2.5倍大时停止发酵，用手指蘸干粉在面团表面戳洞，如果面团不回缩或微微回缩，也没有塌陷，就说明面团发好了（图7）。将发好的面团按压排气，分成6份，分别滚圆，松弛10分钟（图8）。

4 将松弛好的面团擀成圆形，翻面后切开四个切口，在中间放上准备好的土豆泥和虾仁（图9~图11），按图12~图15的顺序包起来，放在模具中（图16、图17），盖好进行最后发酵。当面包发到原来的1.5倍大的时候就可以了（图18）。

5 提前以180℃预热烤箱，在面包表面撒少许马苏里拉芝士碎，刷全蛋液（图19、图20），烤15分钟左右。面包出烤箱后，撒一层糖粉即可。

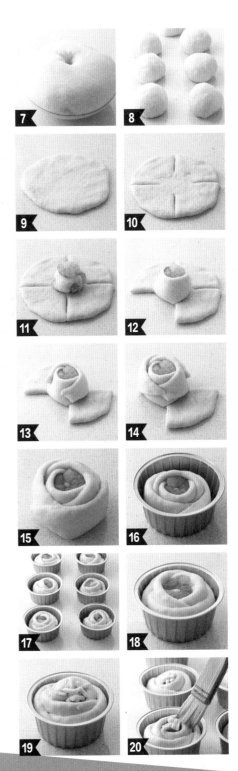

"超级啰嗦"

●馅料也可用其他代替，如金枪鱼、火腿等。

●小面团充分松弛，擀成圆形时，一定要擀的薄厚均匀，这样最终成品才好看。

●最后醒发时，不要发的太大，到原来的1.5倍大就可以了。

●配方中选用的是单独的铝箔模具，直接放在烤盘上烤，如果用的是较厚的连体模具，就单独放到烤箱内或放在网架上再放入烤箱内。

香肠面包

原料

高筋面粉	180克
糖	45克
干酵母	4克
盐	4克
蛋	20克
水	100克
黄油	18克
辅料	
香肠	3根

马苏里拉芝士碎	适量
沙拉酱	适量
全蛋液	适量

做法

1 将黄油、香肠、马苏里拉芝士碎从冰箱里取出，放在室温回暖。

2 将除黄油外的所有原料一同混合，慢慢搅拌成没有干粉存在的基本面团（图1、图2）移到案板上，反复摔打至面团有弹性、可以拉出较厚的膜（图3），加入黄油（图4），反复揉搓至黄油完全消失，反复摔打，直至完全扩展状态（图5）。

3 将面团滚圆，放到大容器中（图6），进行第一次发酵。当面团膨胀到2~2.5倍大，用手指蘸干粉在面团表面戳洞，如果面团不回缩或微微回缩，也没有塌陷，就说明面团发好了（图7）。

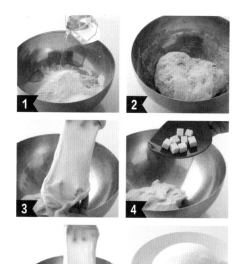

4 将面团排气，平分成三等份，分别揉圆，松弛10分钟（图8）。

5 将松弛好的面团擀成椭圆形，放上准备好的香肠，捏好封口（图9、图10），用锋利的剪刀剪成若干段，摆成想要的形状（图11、图12），密封好进行最后发酵。

6 当面包发到原来的2倍大时，表面刷全蛋液，（图13、图14）撒上马苏里拉芝士碎，挤上沙拉酱（图15、图16），撒点儿香葱碎。

7 提前以180℃预热烤箱，面包放在烤箱中下层，烤15～18分钟。

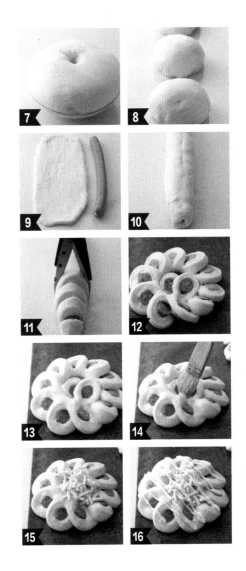

"超级°啰嗦"

● 静置时，要保持面团的湿润。

● 揉面时如果觉得面团干，可以用手沾点水湿润一下面团。

● 包香肠的时候要包紧点。

● 用剪刀剪开的时候，尽量一次剪到底，香肠要剪断，下面留一点点面连接就好。

● 烤箱的大小、火力不同，烤的时间也不一样，在烤制过程中要注意观察面包颜色变化，颜色变深前表面盖锡纸。

乳酪餐包

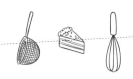

原料

高筋面粉⋯⋯⋯⋯170克
砂糖⋯⋯⋯⋯⋯⋯20克
盐⋯⋯⋯⋯⋯⋯⋯4克
干酵母⋯⋯⋯⋯⋯3克
炼乳⋯⋯⋯⋯⋯⋯10克
全蛋液⋯⋯⋯⋯⋯10克
水⋯⋯⋯⋯⋯⋯⋯100克
黄油⋯⋯⋯⋯⋯⋯20克

奶酪馅

奶油奶酪⋯⋯⋯⋯200克
糖粉⋯⋯⋯⋯⋯⋯60克

酥粒

低筋面粉⋯⋯⋯⋯25克
糖粉⋯⋯⋯⋯⋯⋯25克
液态黄油⋯⋯⋯⋯15克

装饰

全蛋液⋯⋯⋯⋯⋯适量

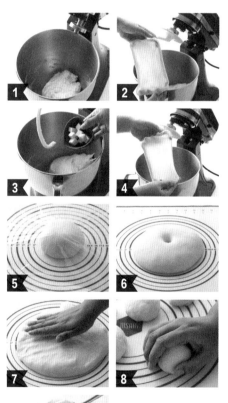

做法

奶酪馅做法

1 奶油奶酪室温软化，糖粉一同放在搅拌桶里，搅打成顺滑无颗粒感的状态。

2 少量多次地加入蛋液和淡奶油。

3 每加入一次都要搅打到充分融合再加下一次，直到液体与奶油奶酪完全融合即成奶酪馅。

酥粒做法

将低筋面粉与糖粉混合均匀，少量多次的加入融化的黄油，不停搅拌，直到黄油完全被吸收，所有材料形成颗粒感，冷藏备用。

餐包做法

1 黄油提前切小块，放室温软化。

2 将高筋面粉、糖、盐、干酵母放入搅拌桶，然后加入炼乳、蛋液、水混合液。

3 开机后，先用2速搅拌约1分钟，面团基本成形（图1），将转速提高到4速，搅拌10～15分钟，面团慢慢形成面筋，停机检查一下，能拉出一个比较厚的膜（图2），加入黄油（图3）。

4 加入软化的黄油，先用2速搅拌，待看不到黄油，将机器的转速提高到4速（也可以是6速，但前提是您的机器要过了磨合期）。

5 经过8～13分钟，面团达到完全扩展状态（图4，面团能拉出很薄很透明的薄膜）。

6 将面团移到大碗中或放在桌面上，用保鲜膜盖好，放到温暖的地方醒发（图5）。

7 35～45分钟后（室温27℃左右），面团会涨到原来的2倍大，用手指蘸一些干面粉，在面团上戳一个洞，这个洞没有回缩或微微回缩，不塌陷，就是醒发好了（图6）。

8 将醒好的面团放到操作台上，用手轻拍，排掉2/3的气体（图7），然后将面团平分成6等份，分别揉圆（图8），用保鲜膜盖好，静置15～20分钟，让面团足够松弛。

9 四指并拢，将面团压成中间厚四周薄的面饼，光滑面向下，用左手托住，用馅匙取适量奶酪馅，放在面饼中心（图9），左右手配合把馅包好，封口处捏紧一点。

10 做好后均匀地摆在铺了油布或油纸的烤盘上，用保鲜膜盖好。

11 待面包醒发到原来的2～2.5倍大时，刷上全蛋液，撒上提前准备好的酥粒，放入预热180℃的烤箱下层烤10～15分钟，烤至表面金黄，微微泛红就可以了。

"超级°啰嗦"

●奶酪馅可以一次多做一些，用保鲜盒密封，冷藏保存，能保存1周左右。

●不同品牌的面粉吸水性不同，配方中给出的水的分量只是个参考，可以根据自家面粉的情况进行调整。

●这个面团我是用厨师机揉的面，一般都是先开低速，等干性材料和液体材料基本融合成面团后，再提高速度。在使用时，要时不时停下机器，检查一下面团的状态哦。

●做面包的面团一定要揉到完全扩展状态，检验的方法是：揪下或切下一小块面，按扁，用手指肚旋转着抻拉面团，如果可以抻出一个薄且透明的薄膜，有一定韧性，用手戳破，破洞边缘光滑无锯齿，就可以了。

●面团醒发的时间，需根据温度不同进行调整，发到2倍大，用手指蘸一些干面粉，在面团上戳一个洞，这个洞没有回缩或微微回缩，不塌陷，就是醒发好了。

●给面团排气的时候，不要用力揉搓或猛砸面团，轻拍排气即可。

●在面团没有被操作的时候，一定要盖保鲜膜，保持面团的湿润，防止干皮，如果轻微干皮可以用喷壶喷一点儿水来补救。

●每家的烤箱温度都不太一样，你可以根据自家烤箱的温度调整烤的温度和时间。先烤10分钟，根据颜色判断烤的程度，然后可以再加3～5分钟，烤到颜色金黄，微微发红就可以了。

●我用的是海氏的烤箱，一般家庭用25～30升，烤肉和烤面包都够用了。

●馅匙就是盛面包馅或抹面包馅的工具，没有的话用家里的勺子也可以。

PART 4

吐司

100%全麦吐司

原料

发酵种

全麦粉·············150克

蜂蜜·············20克

干酵母·············2克

水（40℃）·········150克

主面团

全麦粉·············150克

蛋白·············65克

盐·············4克

干酵母·············2克

装饰

燕麦·············50克

做法

1 将发酵种的所有材料一同混合，搅拌均匀，用保鲜膜封好，放在室温发酵1小时左右（图1、图2）。

2 将发酵种和主面团中所有材料混合，搅拌均匀（图3、图4），用保鲜膜封好静置20分钟，将面团移到案台上反复摔打至面团表面光滑有弹性，能拉出厚膜。

3 将面团放到一个大容器里，密封好进行醒发，当面团膨胀到原来的2倍大就可以了（图5）。

4 将发好的面团轻轻排气，翻面后从上往下卷起，捏紧封口线，在面包表面粘上燕麦（图6~图9）。将整形好的面团放到吐司盒中（图10），盖好进行最后发酵。

5 提前以210℃预热烤箱，当面包表面达到模具的八分满就好了（图11）。

6 将吐司放到网架上，烤箱下层，烤30~40分钟，如果烘烤过程中表面颜色变深可以盖上一层锡纸。

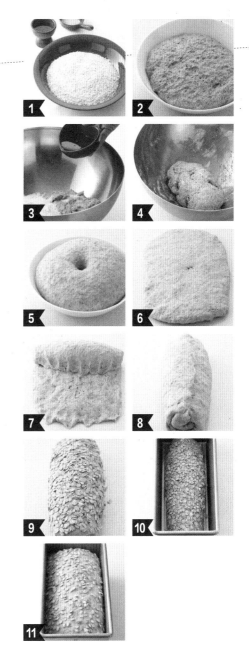

"超级啰嗦"

● 发酵种在膨胀的过程中很脆弱，轻轻晃一下就会塌陷，所以它膨胀时不要触碰。

● 发好的发酵种有大孔洞和微微的酸味是正常的。

● 全麦粉形成面筋能力相对较差，面筋结构不容易锁住气体，所以面团发起的比较慢，也很脆弱。

● 整形时，不宜卷太紧，张力过大面包表面会破裂。

● 由于是100%全麦粉，在开始烘烤后不会再膨胀很多，这是正常的。

● 由于是粗粮，用高温烘烤更能挥发出麦香。

红茶吐司

原料

高筋面粉	280克
砂糖	42克
盐	5克
红茶水	150克
牛奶	40克
干酵母	5克
黄油	17克

奶酥馅

奶粉	50克		
糖粉	20克	**装饰**	
全蛋液	30克	全蛋液	适量
黄油	38克	杏仁片	适量

做法

奶酥馅做法

　　黄油室温软化，加奶粉、糖粉混合，搅拌均匀后，慢慢加入蛋液，不断搅拌，直到蛋液完全融入。如果暂时不使用，可冷藏保存。

吐司做法

1 提前准备好红茶水，放凉备用。黄油化软备用。

2 将除黄油外的所有原料一同混合，用揉搓的方法将所有材料充分揉匀（图1、图2），将面团移到案板上，反复揉搓、摔打。

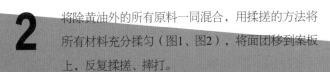

3 当面团有一定弹性、可以拉扯出较厚的膜儿时加入黄油（图3、图4）继续揉搓至黄油消失，继续摔打面团至完全扩展状态（图5）。

4 将面团滚圆，放到一个大容器中（图6），盖好发酵。当面团膨胀到原来的2～2.5倍大时停止发酵，在面团表面戳洞，如果不回缩也不塌陷，就说明发好了（图7）。

5 将发好的面团移到案板上，用手掌轻拍排气，稍稍滚圆收紧，用保鲜膜盖好松弛15～20分钟。

6 当面团足够松弛后，擀成方形，抹上奶酥馅，将面皮卷起（图8～图11），用刀将卷好的面团切开（图12，在切开之前可以将面团放在冷藏室静置20～30分钟）。

7 编成两股辫，放在吐司模具中进行最后发酵（图13、图14）。当面团表面膨胀到模具的九分满时，停止发酵。在表面刷全蛋液，撒上杏仁片装饰（图15、图16）。

8 提前以200℃预热烤箱，将吐司放在网架上，放烤箱中下层，烤35～45分钟。

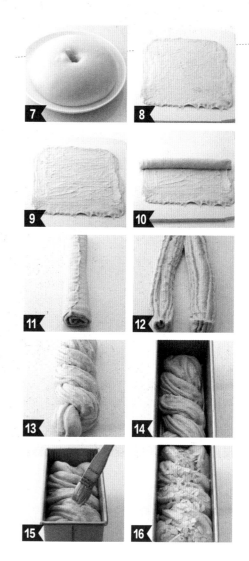

"**超级**。

，**啰嗦**"

● 红茶水的做法：用170克左右的开水冲泡10克的伯爵红茶，10分钟后将茶叶过滤出来，取150克茶水放凉备用。

● 整形前，面团一定要充分松弛后才能擀成方形，如果松弛的不够，面团会回缩影，响面包造型。

● 烘烤的过程中，观察吐司表面的颜色变化，颜色变深后，给吐司表面盖上锡纸，再继续烘烤。

● 根据烤箱的火力不同，吐司模具薄厚不同，最后的烤制时间要适当增减。

红糖吐司

原料

高筋面粉	240克
奶粉	10克
红糖	36克
盐	3克
干酵母	3克
鸡蛋	20克
水	130克
炼乳	10克
老面	30克
黄油	20克

红糖馅

糯米粉	50克
红糖	50克
热水	70克

做法

1 将红糖与热水混合，不停搅拌至红糖完全溶化，用细筛过滤。

2 用红糖水将糯米粉调开成稀糊状，放在微波炉中，中火热1分钟，取出，搅拌均匀后再加热1分钟。

3 反复三四次，直到糯米糊变成黏稠半透明的红糖馅，常温放凉备用。

4 黄油提前放室温化软。

5 将原料中的红糖加水混合，待红糖溶化，过筛。将除黄油外的所有原料与红糖水混合，用2档揉成基本面团（图1、图2），提高到4档继续揉面。

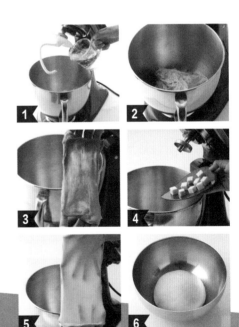

6 直至面团有一定弹性、可以拉出个较厚的膜时加入黄油（图3、图4），用2档将黄油慢慢揉进面团，提高到4档，直至完全扩展状态（图5）。

7 面团滚圆，放在大的容器里，用保鲜膜盖好，放在一个温暖的地方，进行第一次醒发（图6）。当面团膨胀到原来体积2～2.5倍大时停止发酵，用手指蘸干粉戳洞，如果不回缩也不塌陷，就说明发好了（图7）。

8 将发好的面团移到案板上，用手掌轻拍排气，平均分成3等份，分别揉成长条形（图8），用保鲜膜盖好，静置15～20分钟。

9 将松弛好的面团擀成长条面饼，包上红糖馅（图9～图11），搓成长约50厘米的长条形（图12），编成三股辫（图13～图16），放到模具中进行发酵，当面包表面发到模具九分满时停止发酵（图17）。

10 提前以200℃预热烤箱，在吐司表面薄撒干粉（图18），将吐司放在网架上，放在烤箱下层烤10分钟，用锡纸盖住，再烤30～40分钟，出炉后立即脱模，放在网架上晾凉。

"超级°啰嗦"

●红糖要先用水溶解，过滤掉一些不容易溶解的残渣，不然会有颗粒感。

●制作红糖馅时，不要用大火，要不停的搅拌，以免有局部过热形成硬块的现象。也可以用蒸锅蒸。

●静置面团时，一定要保持面团表面的湿度，以免干皮。

●吐司放在室温（25～27℃)里慢慢发酵就好，不要用超过35℃的高温发酵，温度高发酵过快会影响口感和味道。

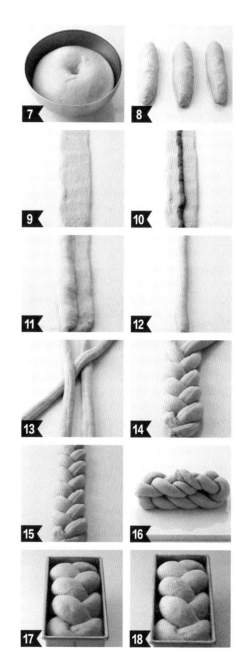

胡萝卜吐司

原料

原料	用量
高筋面粉	270克
黑麦粉	30克
胡萝卜汁	170克
盐	5克
干酵母	5克
砂糖	20克
全蛋	25克
黄油	30克
辅料	
核桃仁	30克

做法

1 核桃仁去除杂质，放入烤箱用150℃烤10分钟，晾凉备用。黄油室温化软。

2 将除黄油外的所有原料一同混合，搅拌成无干粉存在的基本面团（图1、图2），移到案板上反复揉搓、摔打，当面团有一定弹性，可以拉出较厚的膜时（图3），加入黄油（图4），反复揉搓，将黄油完全揉入面团，继续摔打面团，直到完全扩展阶段（图5）

3 将核桃仁切成小块，均匀揉进面团中（图6）。

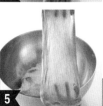 

4 将面团滚圆，放到大的容器内（图7），密封好进行第一次发酵。当面团膨胀到原来的2~2.5倍大的时候，用手指蘸干粉戳洞，如果不回缩也不塌陷，就说明发好了（图8）。

5 将发好的面团用手掌轻拍排气，轻轻擀成长方形，并排掉多余的大气泡，翻面，光滑面向下，从上向下卷起，压紧封口线（图9~图11），放到模具中，密封好进行最后发酵（图12）。待面团膨胀到八九分满时即可（图13）。

6 提前以200℃预热烤箱，在吐司表面薄薄地撒一层干粉，用刀片在中间位置划开一道深2厘米的刀口（图14）。将模具放在网架上，放烤箱中下层烤35~45分钟。

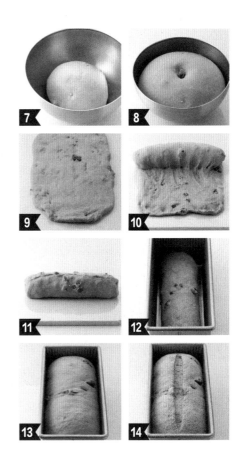

"超级°啰嗦"

●面团配方中的用量是按照使用模具的大小来设计的，如果模具小，可以适当减少分量。

●整形时，卷好的面团长度要比模具短一些，这样面团才可以很舒展的放进模具，以便更好的发酵。

●排气是重要的步骤之一，不太建议用捶打和揉搓的方法来排气，轻轻拍打是比较好的选择。

●根据烤箱的实际情况和模具大小薄厚来设定烘烤时间，配方中给出的时间只是个参考。

●用网架托起吐司模，而不用烤盘，是因为网架没有阻挡，会让热辐射直接作用在模具上，达到最好的烘烤效果。

●如果喜欢面包中有胡萝卜碎的口感，可以在揉面的时候加入适量胡萝卜碎，但要把胡萝卜碎的水分攥干。

葡萄吐司

原料

高筋面粉	265克
砂糖	40克
盐	5克
干酵母	4克
炼乳	25克
全蛋液	20克
水	140克
黄油	25克

辅料

葡萄干…………45克

白兰地…………5克

模具

450克吐司模…………1个

装饰

全蛋液…………适量

做法

1 黄油提前切小块，放室温软化。取45克葡萄干用开水泡约10秒，倒入5克白兰地，搅拌均匀，静置一夜备用。

2 高筋面粉、糖、盐、干酵母放入搅拌桶，加入炼乳、蛋液、水混合物（图1）。

3 开机，先用2档搅拌3分钟左右，面团基本成形（图2），将转速提高到4档搅拌约10分钟，停机检查状态，能拉出较厚的膜（图3），加入黄油（图4）。

4 先用2档搅拌约4分钟后黄油消失，将转速提高到4档，继续搅拌。

5 搅拌约4分钟，面团达到完全扩展状态（图5，面团能拉出很薄很透明的薄膜，有韧性，戳破之后，破洞的边缘光滑无锯齿），加入葡萄干揉匀（图6）。

6 将面团移到大容器中或放在桌面上，用保鲜膜盖好，开始第一次醒发（图7）。

7 经过35～45分钟（室温27℃左右），面团会涨到原来的2倍大，用手指蘸一些干面粉，在面团上戳一个洞，如果没有回缩或微微回缩，不塌陷，说明面团发好了（图8）。

8 发好的面团放到操作台上，用手轻拍排气。分割成3等分，整成长条形，静置松弛15～20分钟（图9、图10）。

9 将松弛好的面团擀长，拍掉大的气泡，从上向下卷起（图11～图14），均匀的摆在吐司盒内（图15），用保鲜膜盖好，进行最后醒发。

10 当面团的上表面发到模具的八分满时停止发酵，表面刷全蛋液（图16）。

11 提前15分钟用180℃预热烤箱，将吐司放在中下层烤45～50分钟，注意观察吐司上色情况，及时在吐司上覆盖一层锡纸，防止上色过深。吐司出炉后立即脱模，移到网架上放凉。

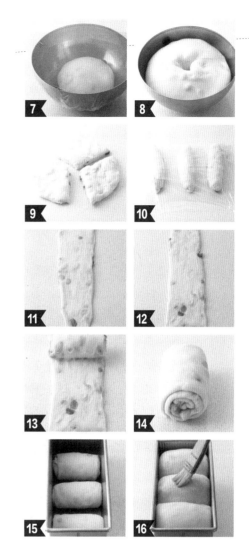

"超级啰嗦"

● 揉面时，无论是手揉还是机器揉，每个阶段的状态和判断方法都是一样的。

● 当面团到达完全扩展状态时，建议用手揉的方式将葡萄干揉进面团。

● 面包的制作过程中，很难用一个准确的时间来规定进程，文字中给出的时间只是一个参考，关键是看状态，多多练习才会准确掌握。

● 面团在静置时，一定要密封保湿，不要让面团干皮。

● 发酵是面包制作中重要的步骤，因发酵的时间相对较长，所以面团所处的环境温度不要太高，不然酵母会生长的太快，会消耗掉大量的水和糖分，从而使面包的口感打折扣。

全麦吐司

原料

高筋面粉	280克
全麦粉	30克
砂糖	20克
盐	6克
干酵母	4克
炼乳	20克
水	215克
黄油	30克
燕麦片	15克

做法

1 黄油提前切小块，放室温软化。

2 将除黄油外的所有原料一同混合，搅拌成无干粉存在的基本面团（图1、图2），移到案板上反复揉搓至所有材料充分混合。

3 在案板上反复摔打面团，当面团变的光滑有弹性时，加入黄油（图3、图4），用揉搓的方法慢慢将黄油揉进面团，继续反复摔打，直到完全扩展状态（图5）。

4 将面团滚圆，放在密封的大容器中进行第一次发酵（图6），待面团膨胀到原来的2～2.5倍时，停止发酵，用手指蘸干粉戳洞，如果不回缩也不塌陷，就说明发好了（图7）。

5 将发酵好的面团按压排气，擀成薄面片，光滑面朝下，从上向下卷起，成一个棍形，长度比模具略短一点，捏紧封口线（图8~图10），放到模具中，密封好后进行最后发酵（图11）。

6 当面团上表面膨胀到模具的九分满时停止发酵（图12），在面团表面撒一薄层干粉，在中间位置划一条深1厘米的切口（图13、图14）。

7 提前以200℃预热烤箱，将吐司放在中下层，烤40~45分钟。烤好后立即脱模晾凉。

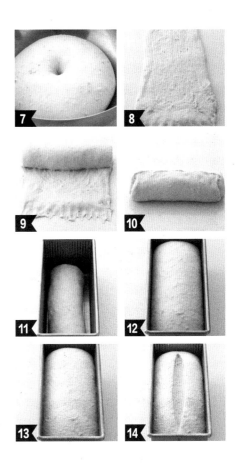

"超级啰嗦"

● 卷好的面团长度要略短于模具的长度。

● 如果同时烤两三个吐司，时间要延长10~15分钟。

● 卷好的面团，封口线一定要压紧，这样上部的山形才能膨胀的更好。

● 不同种类的全麦粉吸水性不同，配方里的水量要根据情况适当增减。

● 擀平面团时，不要用力向下压擀面杖，要前后用力，使擀面杖前后滚动来排气，同时会有一些大气泡，用手拍掉就可以啦。卷起时一定要把光滑面朝下。

● 烤吐司时建议用网架托住吐司，这样会让吐司受热更均匀。

● 烘烤过程中，随时观察面包的变化，吐司表面会变成深棕色，这是正常的，如果不喜欢深色，可以在开始上色的时候盖上一层锡纸。

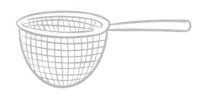

乳酪黑吐司

原料

高筋面粉	225克
黑可可粉	8克
可可粉	5克
砂糖	45克
盐	3克
干酵母	4克
蛋	15克
水	150克
黄油	25克

辅料

耐烤巧克力豆	50克
芝士片	4~8片
乳酪丁	60克

做法

1 黄油提前化软备用。芝士片、乳酪丁提前从冰箱取出回温。

2 将除黄油外的所有原料一同混合，揉成没有明显干粉材料存在的基本面团（图1、图2），移到案板上反复摔打，直到面团变的光滑，有一定弹性，可以拉出较厚的膜（图3）。

3 加入黄油（图4），反复揉搓至黄油完全混入面团，继续揉至完全扩展状态（图5），加入耐烤巧克力豆揉匀（图6）。

4 将面团滚圆，放在大容器中（图7），密封好进行第一次发酵。当面团膨胀到原来的2倍大时，用手指沾面粉在面团表面戳洞，如果洞不回弹或微微回弹、面团不塌陷，就说明发酵完成了（图8）。

5 将发好的面团用手掌轻拍排气，轻轻擀成椭圆形，翻面让粗糙面向上，摆上芝士片和乳酪丁（图9、图10）。

6 从上向下卷起，尽量不要包进去大量空气，捏紧封口，放入模具中（图11～图13），密封好进行最后发酵。当面团膨胀到九分满就可以了（图14）。

7 提前15分钟以210℃预热烤箱。盖上模具的盖子，放在烤网上，放烤箱中下层，烤35～40分钟，烤好后立即脱模晾凉。

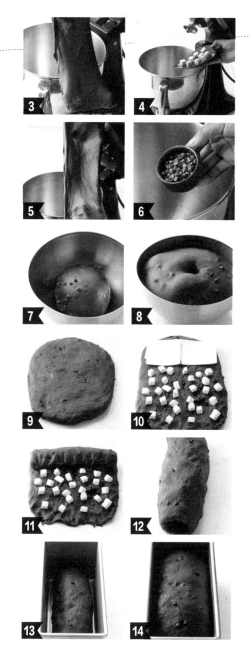

"超级啰嗦"

●辅料中的两种乳制品都是咸味的，如果没有，也可以用奶油奶酪代替。

●揉面时，面团揉至刚刚可以拉出透明薄膜就可以了，不需要特别好的延展性，初学者多练习、多观察就可以掌握这些细节啦。

●整形时，不论包馅还是不包馅，都要将粗糙面裹在里边，光滑面作为展示面，这对面包成品的美观很重要。

●吐司中间的空洞是因为芝士片含水量大，在高温烘烤时水分沸腾而形成的气泡。

香葱吐司

原料

高筋面粉	250克
砂糖	30克
盐	5克
干酵母	4克
炼乳	15克
全蛋液	10克
水	150克
黄油	25克

香葱馅

香葱碎	120克	盐	1克
猪油	40克	白胡椒	0.5克

模具

450克吐司模·········1个

做法

香葱馅做法

香葱碎加盐、白胡椒混合，浇上融化的猪油拌匀。

香葱吐司

1 黄油提前切小块，放室温软化

2 高筋面粉、糖、盐、干酵母放入搅拌桶，加入炼乳、蛋液、水混合物（图1）。

3 开机，先用2档搅拌3分钟左右，面团基本成形，将转速提高到4档搅拌10分钟，停机检查状态，能拉出较厚的膜（图2），加入黄油（图3）。

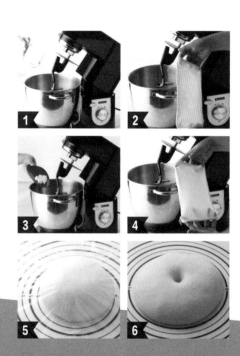

4 先用2档搅拌约4分钟后黄油消失，将转速提高到4档，继续搅拌。

5 经过约4分钟，面团达到完全扩展状态（图4，面团能拉出很薄很透明的薄膜，有韧性，戳破之后，破洞的边缘光滑无锯齿）。

6 将面团移到大容器中或放在桌面上，用保鲜膜盖好，开始第一次发酵（图5）。

7 约40分钟，面团会涨到原来的2倍大，用手指蘸一些干面粉，在面团上戳一个洞，这个洞没有回缩或微微回缩，面团不塌陷，就是发酵好了（图6）。

8 将醒好的面团移到操作台上，用手掌轻拍排气（图7），将面团擀成方形的面饼，用手拍掉面饼边缘的大气泡，翻面，光滑面向下，均匀铺上一层香葱馅，面饼的边缘留出一部分不要铺馅（图8、图9）。

9 铺好馅料后，将面饼卷起，压紧封口处，轻轻收紧，松弛10分钟（图10）。

10 用较锋利的刀具从中间切开，切面向上，左右交叉缠绕在一起（图11、图12），放到吐司模具中，用保鲜膜盖好（图13），进行最后发酵。

11 当面包膨胀到八九分满的时候（图14），盖好模具的盖子。

12 提前15分钟用200℃预热烤箱，将吐司放在烤箱中下层烤45分钟左右。吐司出炉后立即脱模，移到网架上放凉。

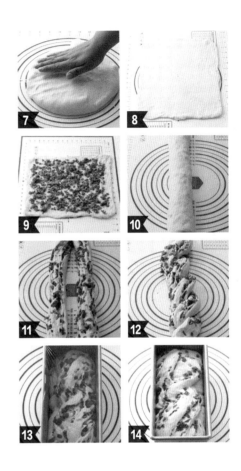

7　8　9　10　11　12　13　14

"超级°啰嗦"

●最好选嫩的、微甜的小香葱，这种最好。

●卷面饼时，自然卷起就行，不要太用力，也不要卷进大量气体。

●黄油化成牙膏状就可以了，不要化成液体状态。

洋葱吐司

原料

高筋面粉············260克

砂糖··················30克

盐·····················5克

干酵母················4克

蛋·····················20克

水·····················150克

黄油··················25克

辅料

方形火腿··········6片　洋葱········半个（切丝）

黑胡椒碎··········适量　马苏里拉芝士碎····适量

做法

1 黄油提前切小块，放室温软化。

2 将除黄油外的所有原料一同混合，反复揉搓摔打，直到面团光滑有弹性（图1、图2）。

3 加入黄油（图3），继续揉搓面团，待黄油完全消失后，反复摔打面团，直至完全扩展状态（图4，是能拉出很薄很透明的薄膜，戳破之后，破洞的边缘光滑无锯齿）。

4 将面团滚圆，放在一个大的容器中，密封后进行第一次发酵（图5）。

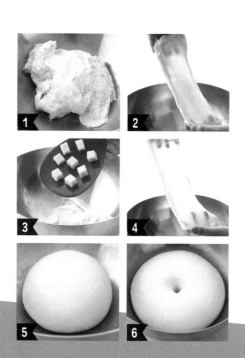

5 当面团膨胀到原来的2倍大时，用手指沾一些干面粉，在面团上戳一个洞，如果没有回缩或微微回缩，不塌陷，这样的状态就是发酵好了（图6）。

6 将发酵完成的面团放到案板上，用手掌轻拍排气。用擀面杖擀成方形面饼，用手拍掉面饼边缘的大气泡，翻面，光滑面向下，摆上6片火腿，撒黑胡椒碎，从上向下卷起，把火腿卷到里边，尽量不要卷进去太多空气（图7~图10）。

7 用刀将卷好的面团切成3段（图11），切面向上，倾斜摆在吐司模具里（图12），盖好保鲜膜，放到温暖的地方发酵。当面团发到11分满时，将洋葱丝平铺到模具中（图13、图14）。

8 提前以200℃预热烤箱，将模具放在网架上，放烤箱中下层，烤30分钟后打开烤箱门，快速在洋葱上面撒上适量马苏里拉芝士碎，关上烤箱门再烤10~15分钟。吐司出炉，立即脱模，移到网架上放凉。

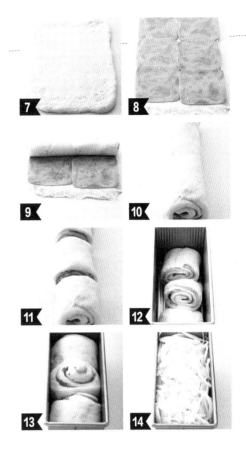

"超级 啰嗦"

●如果喜欢吃大量芝士，可以在出炉前几分钟再撒上一些芝士碎，出炉后就是厚厚的美味喽。

●揉面的时候无论用厨师机、面包机还是手工揉面，都要根据当时的气温来调整面团的温度。一般是用配方中水的温度来调整，揉好的吐司面团在28~32℃。简单的说就是夏天温度高的时候用凉水，冬天温度低的时候用与人体温度差不多的水就可以。

●面包制作过程中，醒发是很重要的环节，面包不能发过，也不能发的不够就进行下一步的操作，掌握好面包的状态才能做好面包。

●使用擀面杖，一是为擀开面团，二是为了排掉面团里的气体，让吐司面包组织更细腻。用擀面杖的时候，要前后用力，让擀面杖滚动起来，同时轻轻向下用力，面团就被擀开了，不要用大力向下压，会压断面筋。

●烘烤的时候，芝士要烤的稍微硬一点点，不然不好脱模。

●洋葱撒一层就可以了，不要太多，不然芝士和洋葱都会脱落。

红豆吐司

原料

高筋面粉············250克
砂糖··················30克
盐·······················5克
干酵母··················4克
炼乳····················15克
全蛋液·················10克
水·····················150克
黄油····················25克
红豆馅·················150克

装饰

全蛋液·················适量
杏仁片·················适量

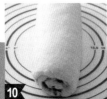

做法

1 黄油提前切小块，放室温软化，红豆馅放室温回温。

2 高筋面粉、糖、盐、干酵母放入搅拌桶，加入炼乳、蛋液、水的混合物。

3 开机后，先用2档搅拌约1分钟，面团基本成形（图1），将转速提高到4档搅拌12～17分钟，面团慢慢形成面筋，停机检查一下，能拉出一个比较厚的膜（图2），加入黄油（图3）。

4 先用2档搅拌，待看不到黄油改4档。

5 搅拌10～15分钟，面团达到完全扩展状态（图4，面团能拉出很薄很透明的薄膜，有韧性，戳破之后，破洞的边缘光滑无锯齿）。

6 将面团移到大碗中或放在桌面上，用保鲜膜盖好，放到温暖的地方开始醒发（图5）。

7 经过35～45分钟（室温27℃左右），面团会涨到原来的2倍大，用手指蘸一些干面粉，在面团上戳一个洞，这个洞没有回缩或微微回缩，不塌陷，就是醒发好了（图6）。

8 将醒好的面团放到操作台上，用手轻拍，排掉2/3的气体（图7）。用擀面杖将面团擀成长条形的面饼，用手拍掉面饼边缘的大气泡，翻面来，光滑面向下，平铺上一层红豆馅，面饼的下端留出一部分不要铺馅（图8）。

9 铺好红豆馅，从上向下卷，卷的过程中不要卷进气泡，压紧封口处，轻轻收紧（图9、图10）。

10 用锋利的刀划出深1厘米的切口，每个切口间距1~1.5厘米（图11），封口线向下，放入吐司模具（图12），用保鲜膜盖好，放在温暖的地方醒发。

11 当面包涨到八九分满的时候，表面刷蛋液，撒上杏仁片。

12 提前15分钟用180℃预热烤箱，将吐司放在烤箱中下层烤45~50分钟，当烤到吐司表面上色时，及时在吐司上覆盖一层锡纸，防止上色过深，吐司出炉后立即脱模，移到网架上放凉。

"超级°嘚嗦"

●配方中水的温度很重要，气温低时用温水，气温高时用凉一些的水，水的温度会影响面团的温度，面团的温度会直接影响醒发的速度。温度低醒发慢，面团会发黏；温度高醒发快，面团会发干，流失大量水分。温度过高或过低都会影响面包制作的整个流程和最后成品的好坏，揉好的面团标准温度是26~28℃。

●这个面团我是用厨师机揉的面，由于面团有点大，所以要不时的停机清理沾在转头上的面粉。

●黄油化成牙膏状就可以了，不要化成液体状态。

●在加入黄油后，机器的转速可以提高到4档，甚至是5档、6档，速度的高低会影响揉面的时间，这个面团偏大，不建议使用4档以上的速度，速度太高会对机器造成损伤，新买的机器在揉面时更不能用高速。

●揉较大的面团时，揉面的时间会偏长，会有一些水分的流失，可以在揉面的过程中用双手沾水的方法来滋润一下面团。

●无论是用机器还是手工揉面，整个揉面的过程中，面团状态的判断方法是一样的。因完成的时间是不同的，所以在制作面包时，大家不要太依赖时间的判断，而是要看状态。

●面包制作进程中，只要是没有对面团进行操作，就一定要保湿，如盖保鲜膜、放入密封盒等。

●红豆吐司在划切口时，不要过深，太深会影响美观，割面包的刀一定要锋利。

●卷好的吐司面团的长度要比模具长度稍短一些，这样在装模的时候不会影响面团的美观。

●烤吐司时，尽量用烤网来放吐司模具，用烤盘会让下火温度传导受阻，加热不均匀。

●烤箱烤制的时间和温度只是个参考，大家可以根据自家烤箱的情况进行调整，到后期吐司表面上色后一定要及时加盖锡纸，防止表面颜色过深。